小さな企業の大きな挑戦

～メリー50年の軌跡～

ストアーズ社

メリー　50年の軌跡

現所在地の大森本社

渋谷区鶯谷町の工場。
1956年から1969年までここで操業していた

会社を設立して間もないころの原一家

1950年代

1952年のメリーチョコレートカムパニー設立から、1958年の日本における初のバレンタインフェア開催に至るまでさまざまな紆余曲折があったが、今日のメリーの基盤が築かれた時代でもあった

チョコレートの他、タフィ、バターボールなどを生産していたころの工場内の様子

1960年代

「アーモンドスカッチ」完成と大ヒットにより、徐々に経営が軌道に乗る。このころ著名人を起用した販促活動が盛んに行われる

三越銀座店のメリーショップ

1963年に完成し、一世を風靡した「アーモンドスカッチ」。バターとアーモンドの豊かな風味と独特の食感が話題に

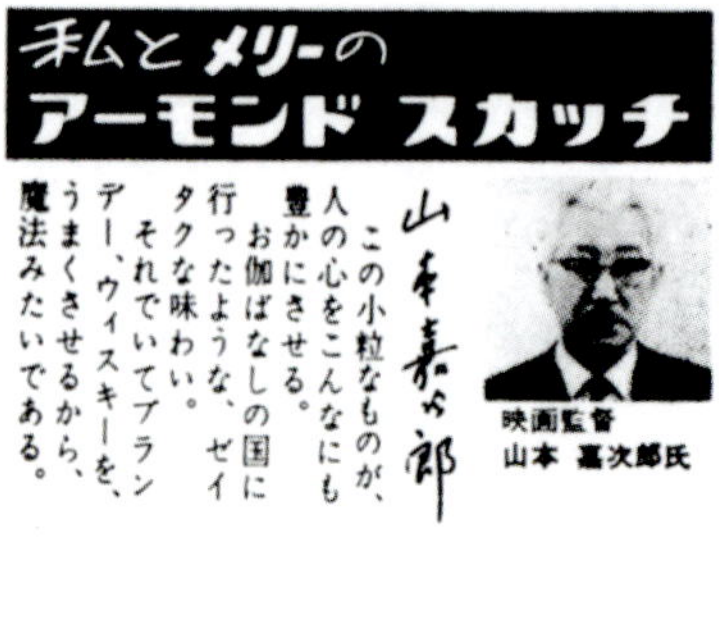

映画監督の山本嘉次郎氏によるアーモンドスカッチの推奨広告

1970年代当時の大森工場

1970年代

1971年に三菱「メルコム」コンピュータを導入し、その翌年にはコンピュータによる販売管理を開始するなど、今日のメリーの“ＩＴ武装経営”に向けた新体制が確立していく

生まれ星チョコやボトルチップ等、時代を先どりする商品をいち早く販売

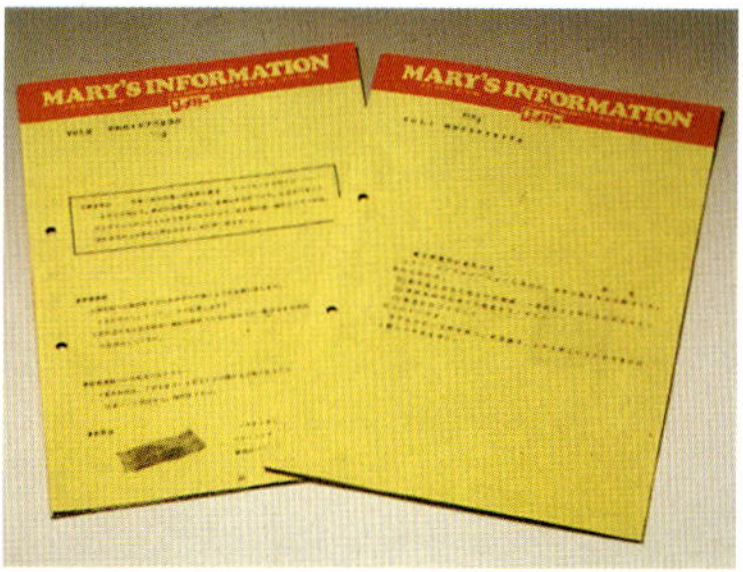

販売員と本社とのつながりを深めることを目的に創刊した社内向け週報「メリーズインフォメーション」。今日も重要な情報交換の手段として継続されている

1980年代

創業者、初代専務の相次ぐ死により大きな局面を迎えるが、台湾進出や船橋工場設立など経営自体は順調に推移する

メリーのマルチメディア及び生産拠点として機能する船橋新工場・情報流通センター

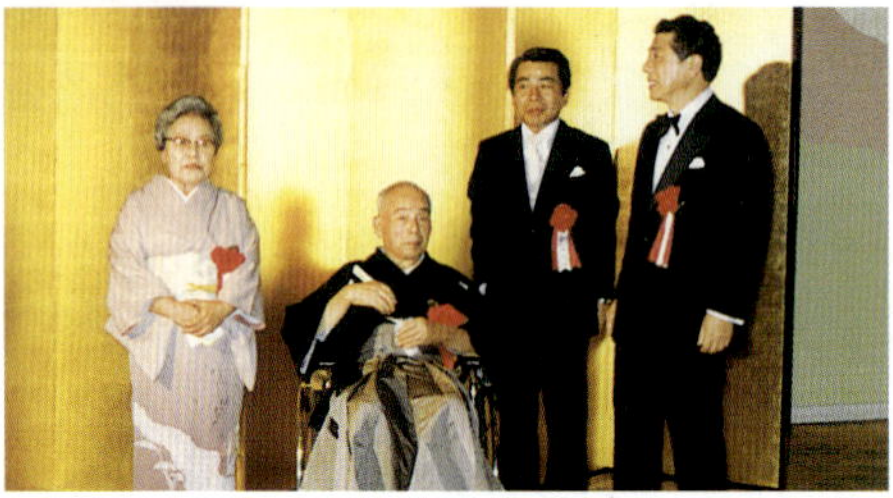

創業30周年記念パーティにて

台湾・アジアワールドのメリーのショップの様子

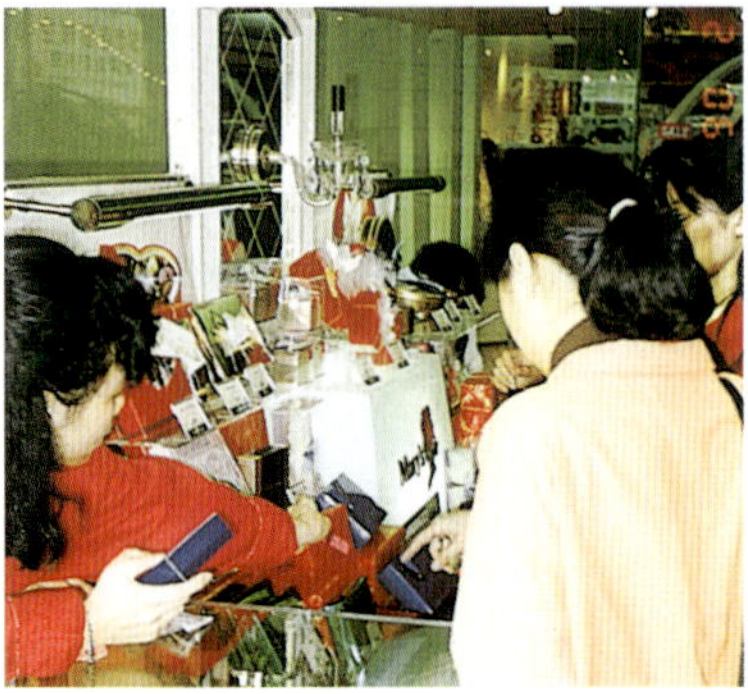

社長就任パーティにて挨拶する原邦生社長

1990年代

1994年の船橋新工場と情報流通センター設立で、自他ともに認めるＩＴ先進企業へと変貌を遂げる

一九九五年に本社本館二階に設立された「ブレインセンター」。最新設備を備え、社員の育成に役立てている

2000年代

創業50周年記念行事を開催。その一環として、チョコレートの本場、ヨーロッパの「サロン・ド・ショコラ パリ」に出展するなど、新たな50年に向け再スタートを切る

「和」をテーマに展開したメリーのブースには連日パリっ子がつめかけた

着物を身にまとってチョコレートをふるまう販売員

創業50周年フェアがスタート

小さな企業の大きな挑戦

メリー50年の軌跡

〈発刊によせて〉

「品質第一主義」が原動力に

日本百貨店協会　会長
株式会社　伊勢丹　代表取締役会長
小柴　和正

創業五〇周年を迎えられ、ご隆盛を心からお慶び申しあげます。

昭和二五年のご創業以来、貴社は、幾多の厳しい試練を乗り越えられ、半世紀にわたりチョコレートを中心とした高品質の製品作りに邁進して来られました。今日の佳き日を迎えられましたのも、ひとえに経営理念である「品質第一主義」というメーカーにとりましては最も大切な原則を厳しく守ってこられたからではないかと拝察申しあげます。

それに加え、原社長様の稀に見る卓越した経営手腕と、先見力、リーダーシップにより、不況といわれた時代にも積極的な事業活動を展開され、船橋工場をはじめとする設備投資を行い、飛躍的に業績を伸ばされました。

また、そのような中で弊社とは、昭和三三年二月に新宿店で催された日本最初のバレンタインフェアをはじめ、永年にわたり食品銘店会の中心的企業としてご活躍いただいております。これも、お客様からご信頼いただけるメーカーであることのみならず、原社長のお人柄によるところが大きいのではないかと存じております。

現在、日本経済はグローバルな流れの中で、たいへん厳しい状況にありますが、メリーチョコレート様の商品開発力と多様化するお客様のニーズに応えた技術力、そして創業当初より守ってこられた品質に対する厳しい管理は、五〇年間に蓄積されたノウハウとしてこれからも大きな力を発揮されることと存じます。

二一世紀という新しい世界に共存共栄で手を携え、ともに大きく羽ばたくことを心よりお願い申しあげ、お祝いの言葉にかえさせていただきます。

本日の成功は洞察力と探求心の賜物

株式会社　東京三菱銀行　頭取

三木　繁光

ご創業五〇周年の記念すべき年を迎えられ、心よりお祝い申しあげます。

原社長様のご尊父、原堅太郎様がメリーチョコレートを創業されたのは終戦直後の混乱の中、チョコレート原料は統制下にあり、きわめて厳しい時代であったようです。しかし現在は高級チョコレートメーカーとしてトップの座を築かれるに至り、その道程におけるご苦労は並大抵のものではなかったことと拝察いたします。

しかしながら貴社は、創業当初から来るべき平和な時代を予測され、高級ギフトチョコレートに的を絞り、確固たる基盤を作られました。昭和から平成に時は移り、国内経済は激動の時代に突入しております。貴社はこの中にあっても、他社との競争激甚を勝ち抜き増収増益を続けられるなど、順調に業績を伸ばしてこられました。これはいち早くＩＴ関連分野に着目し多大な投資をなされた等、貴社の先見力の賜物であると確信しております。

同時に原社長様の豊かな見識、時代の先端を見据える洞察力と新しき需要を掘り起こさせる探求心に対し、心より敬意を表する次第でございます。

私ども東京三菱銀行は、貴社のご創業当初からお取引をいただき、その後も終始変わらぬ親密なお取引関係を続けてまいりました。今後とも、引き続きご愛顧いただきたいと考えております。

メリーチョコレートカムパニー様におかれましては、この度の五〇周年を新たな契機とされ、さらに飛躍、発展されますことを心より祈念いたしまして、お祝いの言葉とさせていただきます。

〈はじめに〉

不況の時代、「勝者」となるか「敗者」に転落するかは社員の士気にかかっていると言っても過言ではありません。このような時代こそ経営者には、より高い目標に向かって改革を頑固一徹に推し進める精神力と、反対に、営業政策などについては臨機応変に対応する柔軟な精神の両方が必要とされます。

メリーは一九五〇年、敗戦の傷痕も癒えない混迷の中で誕生しました。私が入社したのはその八年後の一九五八年。既に教師として就職が決まっていましたが、母親の強い説得に負けて教職への道を断念、弊社に入社したという経緯があります。

今年は経営の舵取りをして一五年が経過しますが、経済学を学んだことのない私が一五年間の経営体験を経て痛感したことは、経営は「学問」ではなく「技」だということです。経営は「生き物」であり、常に「変化」し続けます。あらゆる「変化」に敏速に対応できる企業体質作りが最重要課題であり、実践を無視した高尚な理論などは必要ありません。経営に奇策はなく、「実践」と「挑戦」を積み重ね、知恵の母集団を形成しなければ、時代から取り残されることになります。今日が良くても明日が良いという保証はなく、そこが経営の恐ろしさであり、また醍醐味でもあると申せましょう。

経営者は、「経営」という名の団体スポーツ競技における「監督」であると考えています。私は「メリー」というチームを勝利に導くために指示を出す監督であり、プレーヤーではありません。「監督」は巧みな作戦を練るだけでなく、それを適切にプレーヤーに伝えることが責務であり、同時に、プレーヤーがその意を理解し、実行できる力を備えなければ、チームは敗者となります。このようなチームワークが「経営」には不可欠なのです。経営者がいかに社員とのコミュニケーションを密接にし、企業が進むべき道を明確に表現して伝えられるか――。これが「企業」の明暗を分けるといっても過言ではありません。

この度、激動の時代に『海図なき道』を切り拓き生き残りを賭けたメリーの姿と、また、その波乱の航海の舵取りを担った経営者の人生模様を、ストアーズ社が綴ってくださいました。

この書には、弊社の五〇年間に渡る航跡がすべて語られています。決して順風満帆とは言えない歩みではありますが、本書をご高覧いただければ、弊社がいかなる状況にあっても抱き続けていた夢は何なのか、また、強靭な団結力は何に支えられてきたのか、ご理解していただけるものと確信します。

最後になりましたが、ストアーズ社編集部各位に、深甚なる謝意を表します。

原　邦生

小さな企業の大きな挑戦

メリー50年の軌跡◆目次

発刊によせて

第一章　今週の提言

その①　チョコレートでできること、チョコレートがくれるもの

その② 情報化時代に〝目敏さ〟を養う

その③　知恵ある企業、魅力ある企業とは

その④　メリー流人材教育

その⑤　〝今〟を考える

卒業生からのエール

第二章　メリー　50年の軌跡

その①　揺籃期　〜青山・渋谷時代〜

その②　躍動期　〜渋谷・大森時代〜

メリーチョコレートカムパニー　50年の歩み（年表）

第一章　今週の提言

その①

チョコレートでできること、チョコレートがくれるもの

目敏さと堅実さ

「世の中、捨てる神がいれば、拾う神がいる」という。

長引く不況で消費は冷え込み、多くの企業が向かい風の真っただ中に立たされているが、思わぬことが味方となり売上げに貢献してくれることがあるものだ。

六月二二日にＮＴＶ系列のテレビで、チョコレートに成人病の引き金になる活性酸素の働きを抑制する「ポリフェノール」が含まれている旨の情報が流されると、消費者の問い合わせが相次ぎ、多くの売場に「ポリフェノール効果」をもたらしている。全国主要売店をネットした定量情報システム、ＭＡＰＳにはテレビの影響と思われる売上げの増加が見られ、直ちに生産計画の見直しが行われた。

経営環境が厳しければ厳しいほど、情報を敏感にキャッチすることがたいせつであり、鋭敏なアンテナを張り巡らせておくことが肝要だ。

また、夏場の商品は特に気温や晴雨など、気象の影響を受けやすいことは流通業界の常識になっているが、気温が上がるほど売れると思われるアイスクリームも、三〇度を超える猛暑になると氷菓子や水ものに需要が移行し、むしろ売上げは低下するといわれるように、人々の嗜好は複雑であり、一元的な観察では思わぬ失敗を招くことになろう。デザート類は一日の最高気温が二五度を超えると本格的なシーズンに入り、六月半ばにほとんどの地域でデザート商品の最盛期を迎える。しかし不安定な最近の気象状況を考えれば、最盛期とはいえ当日だけではなく、少なくとも一週間ぐらい前から温度や湿度の変化を心に留めておく慎重さが求められよう。

このように、マスコミ情報や気象などにも敏感に対応する緻密さが販売戦術の上では重要なことだが、経営理念に掲げる「メリーの品質第一主義」とは、常においしさを追い求める「味覚の第一主義」であり、健康食品のように薬効で売ることではない。一時の情報に目を奪われ、企業の基本となる戦略を軽視し禍根を残さないためにも、行動を起こす前には客観的に自己を顧みる慎重さが必要だ。

情報化時代の今日、自社に役立つ情報を見逃すことのない目敏さと、基本を忘れない堅実さのバランスを欠くことのないよう、特に留意したい。

（一九九八年七月五日）

保存食チョコレートの効果

チョコレートの持つ食品としての利点を活かし、非常時のエネルギー源として、また、やさしい香りと甘味で不運に遭遇した人々の心を少しでもなぐさめることができれば、という意図で開発した「メリー保存食チョコレート」も徐々にその効用を認められ、各地の自治体や公共団体から非常食として引き合いをいただくようになった。

たいへん喜ばしいことではあるが、民間企業とは違って複雑な命令系統がわざわいし何度も足を運び、そのたびに同じような話を繰り返さなければならない煩わしさには閉口させられる。まず防災担当者に会って商品の特徴を説明し、次に予算を管理する財務担当者と金銭的な問題を協議し、提出した書類にいくつも判を押され、すべての条件が整い商談が成立するまでには、たいへんな時間と労力を浪費させられる。

公的な資金を扱う権限が一握りの公務員に集中しては、腐敗を生む原因となり弊害も多いことは理解できるが、現在の行政システムは各部門が互いに権限を主張しあい、いたずらに決定を遅らせ責任を回避するためにのみ機能しているように思えるのは、権限を持たない庶民のひがみだろうか。もっとも、最近では「お役所仕事」に対する住民の批判に応え、少しずつ改善されているが、その足どりは民間企業のスピードにくらべると新幹線と自転車ほどの開きがあるといっても過言ではない。

表面的な改善ではなく住民を管理統制する「お役所」から、住民の要求を先取りした「パブリックサービス」へ、意識の改革を進めることを最優先すべきであろう。

企業においてもスタッフ部門の中には、社員を管理統制することに片寄りがちな者を散見するが、社員一人ひとりが持てる力を十分発揮できるように企業風土を改革し、風通しの良い職場環境を実現することこそ、スタッフ部門に課せられた責務だ。また不況下の重要課題である経費の削減にあたっても、単なる「けちけち運動」ではなく、重複業務の廃止や機械化の促進によって、能率の良いシステムの構築に傾注すべきだ。

悪しき「お役所仕事」を身をもって体験し、それを「他山の石」として社内の改革に役立てることができれば、「保存食チョコレート」は短期的な売上げの向上に留まらず、より大きな利益をメリーにもたらしてくれることであろう。

（一九九八年八月三〇日）

「野球」と「ベースボール」

天高く、スポーツの秋。小学生の子供から「野球、教えて」とせがまれて、重い腰を上げ外へ出ることになった。そのとき、バットかグローブのどちらかを一つだけ持っていくとしたら、どちらを選ぶか想像してみてほしい。

たぶん一〇人のうち七人までが、グローブを手にするのではないだろうか。野球の本場、アメリカでは反対にバット派が大多数だという。これは某紙に掲載されていた記事の流用だが、日米の野球感の相違を端的にいい表わしていて面白い。

同じベースボールというスポーツでも、一方では華やかな攻撃面に注目し、ある種のショウとして人気を集め、もう一方では攻撃に耐える守りに傾注し、精神的な側面を重視して野球を「道」としてとらえようとする傾向があるようだ。このように考えると、海を渡り現在大リーグで活躍している日本人選手は全員がピッチャーであり、反対にアメリカから来た「助っ人」と呼ばれる選手の多くが、バッティングを買われた野手であることにも、それなりの意味があるように思われてくる。

自己主張を美徳とする社会、堪え忍ぶことを尊ぶ社会、それぞれ長所もあれば短所もあり、どちらが優れた価値観であるかを論ずるのは無意味であろう。国際化の時代、他の民族の長所を学び合い互いに発展することに意味があり、短所をあげつらっては地球規模で無用な摩擦を招き、衰退を引き起こすことになりかねない。

メリーでは来年のバレンタインに向け、計画は最終段階に入り、今年の反省に基づいて春に立案された構想が次々に具現化されているが、国内メーカー同士の競争が中心で海外メーカーとの競争が従であった時代から、国内メーカーも国外メーカーも互角に渡り合う時代に、バレンタインも新しい局面を迎えようとしている。

欧米のバレンタインと日本のバレンタインの間には、ベースボールと野球より大きな違いがあり、歴史と伝統を持つヨーロッパの企業に対し、日本のバレンタインを育て常に市場をリードしてきたという強みが、メリーにはあることを自覚してほしい。

日本のバレンタインの草分けとして、日本の消費者の感性をとらえて離さない魅力ある商品と心温まるサービスで、来年のバレンタインには勝利のシナリオを描いている。

（一九九八年九月二〇日）

電気釜と生ケーキ

電気釜第一号機が登場したのは大正一〇年、一九二一年だったという。

一九五〇年代の第一次電化ブームの際に発売されたと考えるのが普通であり、意外に早い発売に驚くのではなかろうか。事実、初期の電気釜は目立った売れ行きを見ないまま戦時体制に入り一時姿を消し、第一次電化ブームで三五年ぶりに復活、冷蔵庫・洗濯機と並んで「三種の神器」の一つに数えられ、今日までロングセラーを続けている。

なぜ、当初思うように売れなかった電気釜が、発売から三五年も経て「三種の神器」の一つに数えられるほど消費者に受け入れられたのか。

推理を進めると、興味深い理由がいくつか浮かんでくる。第一に考えられるのは性能だが、それよりもっと大きな理由は時代背景、主婦の意識変化にあったと思われる。「はじめちょろちょろ、中ぱっぱ」という言葉もあるように、大正時代から昭和初期の女性にとって上手に飯が炊けることは一人前の証明であり、主婦の誇りでもあった。いい換えれば、「電気で飯を炊く嫁なんて…」ということでもあろう。

戦後になって民主的な思想が浸透し、主婦は新たに「明るい、幸せな家庭」づくりの中心的な役割を担うようになり、炊事、洗濯、部屋掃除という昔ながらの家事労働を能率よく片づけるのが「賢い主婦」ということになった。「誰にでも、上手にご飯が炊ける機器」から「近代的な主婦の良きアシスタント」へ電気釜の持つ意味が転換し、花形商品になることができたというわけだ。

昨秋発売した「贈れる生ケーキ」は、予測どおりの好調な売れ行きを示しているが、「贈れる」という特徴は「特殊な冷凍技術によって、長く鮮度が保てる生ケーキ」の一つの長所に過ぎず、「家庭の冷凍庫で保存することによって、いつでも好きなときにつくり立ての味わいを楽しむことができるケーキ」でもある。そのほか、生活シーンを精緻に観察すれば、多くの長所を発見することができるはずだ。

画期的な商品であっても、時代が求める「新しい生活シーン」を提案し続ける努力がなければ、ロングセラー商品に育て上げることはできない。せっかくの発明を三五年も眠らせてしまった、電気釜の歴史を良き教訓としたいものだ。

（一九九九年一月一七日）

義理チョコの取り持つ縁の膝枕

（市川市　君塚美津子様）

チョコレートが取り持つ縁で結ばれた「バレンタイン一世」のご夫婦は、お孫さんが今年、「初恋バレンタイン」を迎えているのではないだろうか。

恒例のバレンタイン川柳も、今年は二万五、〇〇〇句もの応募があり、早春の風物詩として日本の風土に根づいた「日本のバレンタイン」を垣間見ることができる。

「義理チョコの義理がわからず、今亭主　福岡市・松本英子様」「定年の夫の机に、そっとチョコ　宝塚市・真島あつえ様」……、川柳作家の筆にかかるとヨーロッパに生まれた舶来イベントも、江戸時代から伝わる伝統行事のように思えるから面白い。いい換えると、それだけバレンタインが生活文化の中に取り込まれた証拠であろう。「舶来のイベントから、日本の生活文化へ」が、今年のバレンタイン・マーケットを象徴するキーワードになったといえるが、多くのメーカーは、この変化を戦略として具現化することができず、販売戦術に戸惑いが見られた年でもあった。

また「母となり、夫と息子に贈るチョコ　川崎市・森陽子様」「老いの身に、思わぬチョコを嫁がくれ　防府市・武重満夫様」……、というようにバレンタインが家庭の中に入り「ファミリー・バレンタイン」の様相が色濃くなってきたのも、今年の特徴としてあげることができる。これは舶来イベントとしてのクリスマスが、夜の繁華街から家庭の中へ取り込まれ生活文化として定着したのと、同じ流れでもある。

一部に「バレンタインの衰亡」が取り沙汰されたが、このような時代の推移を見ればバレンタインは不滅であり、一時の空騒ぎのバレンタインに逆戻りすることはないが、「本当のバレンタイン」が定着した画期的な年、と位置づけることができよう。

そして「還暦の妻から今も、続くチョコ　一宮市・田中信一様」「てれながら古希の夫にハートチョコ　小諸市・柳田とし子様」「仏壇に、お返しなしのチョコをあげ　久留米市・平野久美子様」とあるように、バレンタインも三世代となり、これからは高齢化社会を見すえ「初恋世代」から「悠々自適世代」まで幅広い層をターゲットにした戦略が求められる。人々の夢を壊さない高品質のチョコレートを開発する能力を持たない企業では、生き残れない時代であることはいうまでもない。

（一九九九年二月二一日）

バレンタイン、ホワイトデーそして…

厳しい競争の中で迎えたバレンタインだったが、成績の「良い売店」「悪い売店」のばらつきがいっそう明確になって商戦を終えた。幸いメリー全体では、初期の目標どおりの成果を上げることができ、バレンタインに続くホワイトデー、春のギフト、そして夏のギフトへと有利な展開を期待できそうだ。

他の催事とは異なり、女性から贈られ、普段チョコレートに接することの少ない男性がその魅力を認識する機会でもあり、「売上げの拡大だけでなく、より多くのお客さまにチョコレートの楽しさを知っていただく日」と、メリーではバレンタインを位置づけ「想いを贈る」演出に心がけてきた。この基本戦略をよく理解し、陳列や演出、接客や販売に気配りが行き届いている売店は好成績を上げており、メリーの店頭販売情報、ＭＡＰＳのデータにも、その傾向がはっきりと現れている。

また極秘扱いにしていたＭＡＰＳデータを、情報活用に関心の高いお取引先に開示し、情報の共有化を実現したことはメリーのバレンタイン史上特筆すべきことであろう。新世紀に向かって新しい価値観の確立を模索し、変転し変貌を続ける生活者の要求を素早く的確にとらえることは、流通に携わる企業にとって、製造・販売を問わず目下の重要課題であり、今回の店頭情報共有化の試みは、これからの流通業のあり方を情報という側面でとらえた画期的な試みであり、その成果を商品政策に活かしていきたい。

長引く不況を体験し、生活者の要求は個性化・多様化の傾向を進め、流通にかかわる企業は生活者情報を蓄積し、生活者が「何を要望しているのか」「どのようなことで困っているのか」を常に把握できる「情報流通業」へ、脱皮しなければ生き残れない時代に立ち至っている。「ただ顧客に商品を売りつけるだけではなく、顧客の求めることに応える」ことが、江戸時代の商人から今日の流通業に至るまで「商い」の基本とされてきたが、生活者意識が大変革して新しい時代の到来を目前にし、情報という分野を通じ「商い」の基本を再構築することが求められている。

「優れた情報を与え得る者が、優れた情報を獲得できる」のが情報社会の原則であり、情報化でリードすることこそ、企業繁栄の秘訣だといっても過言ではなかろう。

（一九九九年三月七日）

波路はるかに……

太平洋上を、一人ヨットで帆走中の鹿島郁夫さんから電話をいただいた。

鹿島さんは愛艇「コラーサ七〇」で七月二一日、大阪淡輪ヨットハーバーを出航し、どの港にも寄らないで世界を巡る「単独無帰港世界一周」に挑戦中だ。七〇歳にして壮大な冒険に挑む心意気に共感し、旅の安全を祈念して贈呈した「保存食チョコレート」のお礼と現状報告をかね、太平洋を東北東に帆走中のヨットからの電話だった。

まさか洋上から電話をくださるとは思ってもいなかったので、感激のあまり不覚にも声がふるえそうになり、いいたいことの半分もいえなかったのが心残りでもある。

鹿島さんは当初、昨年の敬老の日（九月一五日）に大阪淡輪を出航し、三二九日で地球を一周する予定だったが、残念ながら海水を飲料水に変える造水機の故障により、旅程半ばにしてハワイ入港を余儀なくされ、ホノルルを起点にした「無帰港世界一周」に計画を変更して挑戦を続行していた。しかし、その後も機材のトラブルが続き、またヨットの浸水という不運に見舞われ、一時帰国して再起を期すことになった。

このようにして七月二一日、七〇歳の誕生日を目前にして出航準備が整い、想いも新たに四度目の挑戦となったのが今回の船出だった。

たび重なる不運にも屈せず、何度も挑戦を試みる姿に接しては、衰えを知らない若さと不屈の精神力に敬服し、不慮のトラブルに遭遇しては決して無理をせず、潔く計画を断念して引き返す決断力と勇気に、積み重ねてきた年輪の重さと思慮の深さを思い、畏敬の念を覚えるのはわたしばかりではなかろう。

ともあれ、毎日工場から出荷され、何気なく売られていくチョコレートと同じ一粒が、今どこかの海の上で、鹿島さんと共に壮大なロマンを創りつつあると考えることは、なんと痛快で心楽しいことであろう。「チョコレートを通じ文化に貢献する」ことを願い、「想いを贈る」ことを目的につくられたメリーのチョコレートが、あるときは一人海を行く男の孤独を慰め、あるときは危機を乗り切る活力源となり、困難に立ち向かう勇気を生み出す一粒になることができれば、半世紀にわたって営々とチョコレートを造り続けてきたメリーにとってこれに勝る喜びはなかろう。


（一九九九年八月八日）

チョコレートと年賀状

元旦のお屠蘇に酔い、心身ともにほどよく暖まったところで、配達された年賀はがきの束を解くのは初春の楽しみの一つであり、新しい年がはじまったことを実感させられる。印刷屋のサンプルのような、紋切り型の文句が印刷されているだけの味気ないはがきに混じって、雄渾な筆使いで墨痕あざやかなはがきや、カラフルで華麗にデザインされ、そのまま飾っておきたいようなはがきを手にしたときのうれしさは格別だ。

年賀状のシーズンになると、新聞の投稿欄には毎年「一枚一枚心をこめて、手書きにすべきだ」という意見が掲載される。この主張はわたしの持論でもあり大賛成で、今春は自宅にいただいた年賀状の返信を、小学生に戻ったつもりで毛筆でしたためてみた。とはいっても年末年始の雑務に追われながら、数百枚のはがきを手書きにするというのは大事業であり、心ならずも印刷に頼ってしまうこともままある。

しかし、やむを得ず印刷に頼るにしても、決まり文句をさけ、はがきを受け取ってくださる方の顔を脳裏に描き、活字をとおして肉声が伝わるように、心をこめた文章にするのが礼儀だと思う。もっとも年賀状を差し上げる方は、それぞれおつき合いの仕方は違い、性格も異なり、同じ文章でも受け取り方は一様ではなかろう。その一人ひとりに失礼にならず、よそよそしくならず、正しく「想い」が伝わり、その上印象に残るように…、と考えると数行の言葉であっても簡単に決められるものではない。

このように考えてくると、年賀状の文案とメリーのチョコレートづくりにいくつかの共通点があるように思われる。ギフトを求めるお客さまの「想い」は千差万別であり、その「想い」を忠実に表現しようとすれば、一つひとつ手づくりにしなければならないが、それでは費用の面でも手間の点でも不可能であり非現実的だ。ある程度の大量生産に頼らざるを得ないが、ギフトを贈られたとき、その一粒一粒から贈り手の「生の声」が聞こえてくるような、細やかな配慮がなされていなければならない。

そして、その「細やかな配慮」こそ、「メリーらしさ」というものであろう。

正月気分が抜けると同時にバレンタイン商戦がはじまるが、お客さまが求めているのは単なるチョコレートではなく、「想いを贈るギフト」として「メリーらしさ」を選択してくださるのだという考えで、陳列、接客にも細かな気づかいを忘れないでほしい。

（二〇〇〇年一月一六日）

ファッションとチョコレート

二月の風物詩「バレンタイン」に合わせ、チョコレートの祭典「サロン・ド・ショコラTOKYO」が日本で初めて開催された。本場ヨーロッパと日本を代表する菓子職人がその技と味を競い合い、一万七、〇〇〇人の入場者を魅了する中、三日間の催しは予想外の盛況ぶりを見せて成功をおさめた。

開催に先立って行われた式典では、フランス、ベルギー王国、エクアドル各国の大使と並んで、不肖わたしが日本を代表してスピーチする機会を得た。さかのぼること四二年前の一九五八年早春、パリの知人から届いた絵はがきの一節をヒントに、当時二二歳の学生であったわたしが、アルバイト先の伊勢丹新宿本店さまにご協力をいただいて、国内初のバレンタインセールを行ったことを紹介し、日本における「バレンタイン」の草創期からの歩みについて、外国の報道関係者に真情を交えて披瀝した。

さらに式典後の各国大使を交えた会話の中では、国民的行事として定着するまでの苦労の逸話も語っておいた。その際、駐日フランス大使モリス・G＝モンターニュ氏をはじめ、多くの関係者各位から「世界のチョコレートメーカーの中でも、ここまで最高の原料にこだわり、多くの種類の作品を製造しているメーカーはない」との賛辞をいただいたが、チョコレート専門メーカーにとってはこの上ない歓びでもあった。

キャミソールドレスも厚底靴も今や過去のものとなり、今年の春ものは秋冬の暗い色彩が払拭されて、明るい花柄が人気になるという。このような流行のめまぐるしい変遷は、ファッション業界から容易に学べることでもあり、「チョコレートは食のファッション」と主張し、時代にすばやく適応する強い会社づくりを進めてきた理由もここにある。

近年のバレンタインでは、品質や付加価値を重視する選択眼の肥えたお客さまが多くなり、「輸入品＝高級品」との図式がなくなりつつあるが、菓子業界でもこの変化を読み取り、敏速に対応していかなければ、いずれ敗北を喫することになろう。

メリーではいち早く「情報」の重要性に注目し、業界のリーディングカンパニーとしてスピード経営を実践している。しかし「品質第一主義に徹し、顧客奉仕に最善を尽す」という企業理念は、創業から半世紀を経ようとしている今もなお、その新鮮さを失ってはいない。創業者の描いた不変不滅のビジョンを再認識し、改めて意を強くした。

（二〇〇〇年二月二〇日）

バレンタインと物産展

デパート催事の目玉の一つに、地方の物産を集めた「物産展」がある。

今ではデパートに限らず駅のコンコースでも催されるようになり、身近で当たり前の年中行事となってしまったが、ローカル色を巧みに演出した「うまいもの市」の看板に思わず足を止めてしまうのは、わたしが食いしん坊のためばかりではなかろう。

「物産展」では「地域限定」「期間限定」「数量限定」が決まり文句になっているが、「限定」という文字には買い気を刺激する魔力が潜んでいる。会場にはお祭り気分があふれ、「お味だけでも…」という誘惑に「これを逃すとあとがない…」と、試食品を刺した楊枝につい手が伸びる。一度誘惑に負ければ財布の紐が緩み、会場を出るときには大きな紙袋をさげている、ということになってしまう。マンネリといわれても一向に「物産展」が廃れないのは、この辺りに理由があるのだろう。

「物産展」といえば、まず土着の食品を連想するが、バレンタインも一時の粗悪品は影をひそめ、最近ではヨーロッパの一流ブランドがずらりと並び、日本のメーカーも本場のチョコレートと互角に取組む意気込みで、さながら期間限定の「物産展」の様相を呈している。しかし、沢庵や魚の干ものを並べた「物産展」と、チョコレートの祭典であるバレンタインでは雰囲気も異なり、生活者が求めるものも、全く別ものであることはいうまでもなかろう。そのような中、ハムかソーセージの細切れを配るような方法で、試食を客寄せの材料にしているとしか思えないメーカーが一部に見られたが、チョコレートにはチョコレートらしい洗練された方法を考えてほしいものだ。

その場の雰囲気に呑まれて、思わず試食を手にし、大きな紙袋をさげて「物産展」の会場から出てくる食いしん坊のように、一度はそのメーカーの品を購入しても、品質が良くなければ二度と買ってはくれないのではなかろうか。

メリーが提唱しているように、バレンタインは「味の祭典」であり、チョコレートの魅力を十分に味わっていただく、年に一度の機会でもある。ヨーロッパのメーカーと味において、日本のチョコレートが肩を並べられるようになれたのも、バレンタイン催事がもたらした効果の一つであることを忘れないでほしいものだ。

(二〇〇〇年三月一二日)

井戸の外側

井の中の蛙、大海を知らず。

井戸の中に住んでいる蛙のように、広い世間を知ろうとしない人間は自分だけの狭い知識でもの事を決め付けてしまうが、井の中の蛙が知らないのは海ばかりではない。井戸の中に閉じこもり、外から眺めてみようとしなければ、自分の住んでいる井戸の形すら正確に知ることができないし、外の世界の住人に自分の住む井戸がどのように見られているかわからないものだ。

二〇〇〇年一〇月、メリーはパリで開かれたチョコレートの祭典「サロン・ド・ショコラ」に、アジアから初めて参加し、竜安寺の石庭を模したチョコレートの枯山水を展示したところ、予想されたとおりヨーロッパの人々の注目を集め、メリーのコーナーは連日「トレビアン！」の声に包まれた。

花模様のチョコレートは精緻な技術を賞賛され、現地のパンフレットや雑誌にも紹介されてパリっ子の目を奪い、また、抹茶チョコレートや柿の種チョコレートの日本的で繊細な感性は好評を博し、主催者からは「メリーの作品はグランプリに匹敵する」と、高く評価された。遠方から、初参加した企業に対するねぎらいの意味を含んだ言葉だとは思うが、外交辞令を差し引いても、メリーの技術と豊かな創造力は長い歴史を持つヨーロッパの技術に拮抗するもの、と自負しても良いのではなかろうか。

いうまでもなく、メリーも社内には改革すべき点をいくつも抱えているが、欠点ばかり見て自社を過小評価し萎縮していては、自分の住む井戸を正確に知ることができない蛙と変わることがない。もちろん外部の評価に甘え自らの欠点を見過し、改革を怠っては、バブルに浮かれて一〇年も経った今日でも巨額な負債にあえいでいる企業や、ミスを放置して世間の指弾を浴びた企業と同じ轍を踏むことになるだろう。

あと一カ月余で二〇世紀も終わり、メリーは創業五〇周年を迎える。

創業以来半世紀を経たメリーの等身大の姿を、過大評価しておごることなく、過小に評価して卑下することなく、冷静に、そして客観的に見つめ直し、新たな五〇年に向け「世界のメリー」として自信を持って歩を進めて行きたいと思う。

（二〇〇〇年一一月一九日）

ネタとウデ

だいぶ以前のことだが、友人から南マグロのブロックをいただいたことがある。自慢していただけあって、色といい艶といい見るからにうまそうだ。早速刺身にして食べたのだが、うまいことは確かにうまいが素材で想像したほどのうまさではない。行きつけの寿司屋で板前にこの話をすると、「刺身というとただ材料を切るだけだと思われますが、一息ですっと切って、切り口に艶があって、滑らかに切れるようになるには、それだけの修行が必要で、材料の良さを引き出せるまでには、一年や二年ではとても無理ってものです」と、自慢話を聞かされることになってしまった。

「刺身はネタとウデだ」と板前はいうが、チョコレートも基本はまったく変わらない。「チョコレートはカカオバター以外の油脂を使用してはならない」と強硬に主張してゆずらないフランスと、「一定量の代替油脂を使用しても良い」とする主張とがEC諸国の間で論争となり、「終わりなきチョコレート戦争」などとマスコミを賑わしたこともあり、記憶している者も多いと思う。一九七三年から二七年かけたこの大論争は結局、「カカオバター一〇〇%のチョコレートを純粋のチョコレート」、「カカオバター以外の植物油脂を使用したものを加工チョコレート」と表示することに落ち着いたのだが、チョコレートの製造・販売に従事する者なら知らない者はなかろう。

日本でも「純チョコレート」とか「準チョコレート」とかわずらわしい基準を設けているが、メリーが純良素材を使用していることはいうまでもない。その上、メリーは「サロン・ド・ショコラ」でも実証された技術を持っており、「良質のネタと確かなウデ」が今回のバレンタインの好成績に結びついたもの、と大いに自負したい。

流通業界にあっては「舶来上等」の古めかしい固定観念など捨てて、ブランドに頼ることなく、商いの「ネタ」である商品を自らの責任で見極める眼力と、生活者の要求・要望を的確にとらえ、チャンスを逃すことのない目敏い「ウデ」を磨いておくことが、今日のような厳しい環境を勝ち抜く、最も確かな道だといえるのではなかろうか。

マグロ談義に時間を忘れ、賑やかだった店内も一人去り、二人去りして、気がつくとカウンターに座っているのはわたし一人になってしまっていた。

（二〇〇一年三月一一日）

石と木とチョコレート

毎日新聞の小さなコラムに、気になる話が紹介されていた。

彫刻家の戸谷成雄さんが、最近ヨーロッパで作品発表会を行うと必ず「自然環境を損ねてまで、あなたは木の彫刻を続けたいか」と聞かれると、困惑顔だったという。「木の文化」ともいわれる日本文化に慣れ親しんでいるわたしたちには、まったく疑問を感じないことでも、「石の文化」の歴史を持つ人々は、地球の温暖化など深刻の度を加える環境問題から、木材利用を森林破壊と結びつけ過剰に反応する傾向があるようだ。

冷静に考えれば、石や鉄を素材としても地球の資源を消費することには、何ら変わることがなく、過大に消費すれば環境破壊につながることは容易に理解できよう。

だいいち木の彫刻には異を唱えながら、バイオリンやピアノなど木材を用いた楽器の製造は問題がないと主張することの理不尽さは、誰もが気づくことではなかろうか。

しかし、狭い地球の上にたくさんの人間が住み、国境を越えて人と人の交流がますます盛んになるこれからの時代、このような「文化の衝突」も増加していくことだろう。その際、感情をぶつけ合っていては、問題を深刻にするだけで何の解決にもならない。相手をわかろうとする寛容さこそ「文化の衝突」を解決する妙薬だが、そのためには文化や歴史の違い、その結果として心情の相違を、日ごろから異文化の人たちにも理解してもらうように努力することがたいせつだ。そのような意味からも、現在アメリカ大リーグで大活躍のイチロー、サッカーでは中田、そしてゴルフの尾崎など、多くのスポーツ選手が世界の桧舞台に積極的に進出しているが、大いに声援したい。

メリーも社員周知のとおり、昨秋はパリの「サロン・ド・ショコラ」に招かれ、文化交流の一翼を担い、日本人の感性とチョコレート技術をアピールし面目を施してきた。今秋も昨年に引き続き招請されているが、「石」と「木」という文化の差はあっても美しいものを美しいと感じ、美味なものをうまいと感じる感覚には変わりないことを理解し合い、あわせて「日本の心」を強く印象づけてきたいと考えている。

創業五〇周年という年を、企業のあらゆる活動について、世界の水準を越えるメリーへと脱皮するためのスタートラインとしたいものだ。

（二〇〇一年五月二七日）

第一章　今週の提言

その②

情報化時代に〝目敏さ〟を養う

情報は、経営のビタミン？

八月になると毎年、あの敗戦による欠乏時代の食生活がマスコミの話題に登場する。健康を維持するために脂肪、たんぱく質、炭水化物の三大栄養素をバランス良くとることが必要だといわれるが、荒廃した焼け跡では栄養のバランスなど考えるゆとりはなく、芋などの炭水化物をカロリー源にしていた。やがて経済の成長とともに、人々の食生活も肉や魚などのたんぱく質や脂肪の比重が大きくなり、飽食の時代を迎える。今日では肥満を恐れ、エネルギーの摂取より排出に腐心し、栄養価よりもビタミンやミネラルに人々の関心が移っているのも時代の流れというものであろう。

企業活動においても、はじめにあるのは市場に提供する「モノ」であり、それが人々に受け入れられると、生産設備や販売施設を拡充するための「カネ」が経営課題になり、企業を繁栄させ永続させる「ヒト」の養成が問題になる。このようにして企業基盤が整うと、ヒト・モノ・カネに加え「情報」に関心が向かうことになるようだ。

情報関連技術の進歩もあって、今日では経済の発展した先進国においては「情報」を軽視して企業の存続はない、といっても過言ではなかろう。

「情報」の重要性については機会のあるごとに何度も述べているが、メリーも自らの力量に応じて積極的な投資を行っていることは周知のとおりだ。四月から実施した情報システム部門のスタッフを各職場へ出向させるインストラクター制度も、徐々に効果を発揮し、今秋九月からは①目的を明確にし、②セキュリティ・ルールを定め、③業務の迅速化を図り、④プログラムの標準化を目指し、情報に関する規定を定めることになった。これによって①誰のために、②いつまでに、③どのような目的を持ち推進されるプロジェクトかが明確になり、在宅勤務を含む「次世代情報システム」の実現が、よりいっそう加速されることになるだろう。

いうまでもなく設備やシステムは、扱う者の能力が欠けていては十分威力を引き出すことができず、せっかくの投資も「水泡に帰す」ことになる。また情報機器はそれを操作することが目的ではなく、それを使って何をするかが問題であり、そのためには機械の操作以前に各自の知識の広さと深さが問われることを銘記してほしい。

（一九九八年八月九日）

「なぜ？」の効用

普段なんとなく見過ごしていることを突然「なぜ？」と問われ、思わず「さて…」と首をかしげてしまう、などということがある。

鮨屋のカウンターに坐り、注文をいい終わるか終わらないうちに、職人の手がさっと小気味良く動き「はい、お待ち！」、と形良く握られた鮨が二つセットで飯台に並ぶ。思わず手が出るところだが、「なぜ？二つ一組なのか」と疑問を投げかけてみたい。

握り鮨の起原は二〇〇年前の江戸時代中期、文化文政期に火事場の炊き出しの握り飯をヒントに生まれ、気の短い江戸っ子気質にフィットして、たちまち江戸市中に拡がったとされているが、江戸時代の鮨は男の口で一口半、現代よりかなり大型だったという。明治になって、ある鮨屋が女性客に形の大きな鮨を二つに切って出して評判になり、やがて今日のような小型の鮨が二つセットで出されるようになったと伝えられる。

このように歴史をたどると、鮨が二つセットであることに作法とか、文化とか、また味わいの上で特に意味があるわけではなく、単なる習慣ということになるようだ。

長引く不況の中、リストラの流行は衰えを見せないが、単なる人員削減や企業規模の縮小を考えるのではなく、「なぜ?この手順を踏まなければならないか」「なぜ?この仕事は必要か」「なぜ?……」「なぜ?……」と、当たり前だと思われていたことに素朴な疑問を投げかけ、業務のシステム全体を見直してみることが肝要だ。

一〇月二九日、「仮説検証型経営 ～データベース・マーケティング～」と題し一時間番組でメリーが紹介されたが、メリー流の業務システム、情報システムは難しい情報工学に基づいて精緻に構築されたものではない。「なぜ?この仕事に人手が必要なのか」「なぜ?このプリントを配付しなければならないのか」というように、素朴な疑問に一つひとつ回答を出すようにして改革を積み重ねていった結果、テレビの電波を通じて紹介されるようなシステムができ上がっていた、ということができよう。

また、「なぜ?」を表に現れた問題を取り繕うだけの対症療法で済ますのではなく、「なぜ?」には企業の体質的欠陥を指し示していることもあり、企業体質を根本から治療する戦略的な発想を持つことが何よりもたいせつだ。

（一九九八年一一月一日）

バレンタインと情報化

リアルタイム経営は企業の俊敏さを実現するための重要なファクターのひとつでもある。景気の厳しさが続く中での九九年バレンタインフェアも終盤を迎えているが、予測したとおり個人消費は振るわず、買い控えるお客さまも多く、同業メーカーの「思惑どおり」は大誤算に終わりそうな気配だ。

メリーではMD政策の確立に向け、独自の情報システムを開発し、情報の収集を推進してきたが、今回のバレンタインについては、MAPS(メリーズ・ポス・システム)で四年間にわたり収集したデータを地域別、店舗別に分析し、各取引先へ公開した。詳細なデータを取引先と共有し、活用して初めて功を奏するものであり、情報開示は当然の策と考える。情報収集の目的が、単なる業務効率の向上や意思決定の迅速化だけでは、既存ビジネスの延長に過ぎない。大競争時代に企業が挑むべき改革のゴールは、過去と異なるまったく新しい市場や、ビジネスを創造するための羅針盤としなければ無意味となる。

スピード経営というキーワードは今後も必要になるが、新たに推進する事柄として、時代とともに変貌し続ける消費者のニーズ、顧客が抱えている問題や欲求を探求し、解決策を見い出していくことが肝要だ。

「商い」の原点は、「顧客に商品を売る」ことにあるのではなく、「顧客が求めることに応える」という発想を持つことにあり、これこそサービス業の基本といえよう。

顧客の要求は各人各様であるが、顧客が「何を求めているのか」「どのようなことで困っているのか」などを情報としてデータベース化し、検索、検証することで、新しいビジネスチャンスが生まれるといっても過言ではない。

業務の根本的な改革（リエンジニアリング）によって、顧客の要求仕様を素早く仕入先に反映させ、納入期限の短縮、商品開発、併せてコスト削減などをはかり、自社の強みを完成させ対応しなければライバルに勝てないことを、単なる効率化に終始せず、顧客中心の新たなビジネススタイルを創造する二一世紀型経営を目指したいものだ。

（一九九九年二月一四日）

神経組織と情報組織

世界中で圧倒的なシェアを誇るパソコンの基本ソフト、「ウィンドウズ」を開発したマイクロソフト社のビル・ゲイツ会長の提唱する「デジタル・ナーバス・システム」、DNS構想が注目を集めている。コンピュータ関連の難解で、技術的な話は専門家にまかせるよりないが、その基本となる考え方には共感するところも多く、これからの企業を考える上で参考になることが少なくない。

日本語に翻訳すると、デジタルは電子情報、ナーバスは神経であり、DNSとは電子情報・神経システムとでもなろうか。簡単にいえば、企業を人間の身体に置き換え、人間の神経組織と同じように、企業の隅々にまで情報のネットワークを張り巡らせて全社的に情報の共有化を徹底させ、企業を取り巻く環境の変化、顧客の要求に素早く対応できるシステムを構築しようというものだ。

これはメリーにも共通する考えであり、一〇年前にはじめた販売日報のデータベース化、そして定量化した店頭情報のネットワーク化を進めているMAPS、コンピュータとプロジェクタ・大型スクリーンを結びペーパーレス会議を実現したブレインセンター、全国の支店を情報回線で結んだテレビ会議システムなど、今日まで着々と進めてきた情報化改革は「メリー流DNS戦略」と呼ぶこともできよう。

いうまでもなく、情報化投資は今後も積極的に進めていく方針だが、問題はせっかくできた機器やシステムが業務の改革、作業の効率化に十分活用されているかにある。神経系統は音や温度、触感など身体の各機関が察知した情報と、手足を動かしたり、見つめたり耳をすましたりする頭脳からの命令が瞬時に行き交うことに意味がある。また、不注意で熱いものに触れたような緊急時には、皮膚で感じた温度を大脳に伝えて判断を仰ぐ前に反射的に手を引っ込め、火傷を未然に防ぐのも神経の重要な働きだ。

高度情報社会に突入した今日、立案した企画に上司の印を一つずつ積み重ね、企画が実現したときには手遅れだった、などということは昔の笑い話であってほしいものだ。同じ神経組織を持ちながら鈍感な人間もいれば、鋭敏な者もいるように、使いこなす知恵が育たなければ先端技術も単なる飾りものになることを胸に刻んでおきたい。

（一九九九年六月六日）

似て非なるもの

「外見だけで人を判断してはいけない」といわれるが、外見だけで判断できないのは、人間ばかりではない。社会現象も一見同じように見えて、調べてみると中身はまるで違うなどということを日常よく体験させられる。

たとえば、最近話題のサプライチェーン・マネジメント、ＳＣＭも「自動車業界のカンバン方式を電子情報化したもの」という解説記事が散見されるが、これも現象の外見から中身を早合点した解説のように思われる。

カンバン方式とは、生産の合理化を目指す自動車メーカーが、必要な部品を、必要な量、必要とするときに「ジャスト・イン・タイム」で部品メーカーに納入させ、工場の部品在庫をゼロに近くする生産方式だが、そのために部品メーカーの納品車は工場の回りに設けられた周回道路をぐるぐる回りながら、納品時刻を待っているなどという珍奇な現象が日常化していると聞く。メーカーを頂点としたピラミッド型構造、系列という上下関係に支えられている方式だ、といっても過言ではなかろう。

これに対しSCMは、企業内に情報神経を張り巡らせ全社的に情報を共有し、変化に素早く対応しようとするデジタル・ナーバス・システム、DNSを社外の関連企業にまで拡大し、効率の良い経営を具現化するものであり、「関連企業は、互いに情報を共有する対等なパートナー」であって、系列のような上下の関係ではない。

さらにSCMは企業情報ばかりでなく、生活者の要求や要望もシステム内に取り込み、生活者の望む商品を開発し、開発された商品を無駄なく生産し、よどみなく供給することを目指したシステムだ。また、近い将来には単に商品を流すだけでなく、商品に伴う廃棄物の回収、リサイクルまで考え、川上から川下へ一方通行の「物流」から、循環型のサイクル方式の「物流」に改革することを視野に入れているという。

このように見てくると、メリーが船橋に自動倉庫を建設した際、「物流センター」といわず「情報流通センター」と名づけたが、今日のSCMに近い発想だったといえる。この流通情報に店頭情報、資材・原材料の受発注データを結びつけ、一元的に管理し、分析し活用できるように、メリー流SCMの実現を目指して改革を進めたい。

（一九九九年七月一一日）

魔法の箱の使いみち

世の中の動きを見ていると、二一世紀を目前にして本格的な「情報の時代」に入ったことを強く実感する。米国の長期にわたる好景気の持続も、情報技術の発達が企業の生産性を向上させ、最終的に経済の成長に結びついた結果だといえよう。また昨年は日本でも税制改革の一つとしてパソコン減税が実施され、遅まきながら「情報化時代」の流れに乗って景気を回復させ、国際競争力を再強化しようとしている。

さらに企業だけではなく一般家庭でもパソコン需要は急増し、九九年度の出荷は一、〇〇〇万台を突破し、来年度にはカラーテレビを逆転する勢いだという。しかし、いくらパソコンを装備しても、活用することができなければ場所をとるだけの無用の長物であり、高額の投資も水泡に帰してしまうことになる。

最新の先端機器もあらゆる情報も十分すぎるほど目の前に存在するが、問題はそれらを「どのように操り」「どう使いこなすか」というところにある。メリーでは全国各地の店頭情報を収集する機器をはじめ、各職場のコンピュータなどを利用して全社員が膨大な情報を「収集・共有」しており、特にそれらを処理し「活用」することに主眼を置いて経営を進めている。数字情報と併せて顧客の生の声も文字の形で収集し、商品の企画、開発にすばやく反映させ、活用することが経営をスピード化する近道になるといえよう。

米国企業の経営手法を導入した〈サプライチェーン・マネジメント〉なる言葉が流行しているが、要するに「必要なものを必要な数量だけ生産し、販売していく」ことであって、江戸時代の昔に繁盛した商家の手法と何ら違いはなく、これからも商売の基本は変わることがない。今後はさらに「情報」を経営の新たな要素に加え、あらゆるデータを一元管理して結合することが肝要であり、販売力を強化し経営の効率化をいっそう推進していくことが、二一世紀を迎える流通業界にとっては急務となろう。

重要なことは、情報に対して目的意識を見失わずに「収集、処理、活用」という三段階を踏まえ、文字や数値の羅列に翻弄されることなく、柔軟な発想で解析することであって、せっかくの「魔法の箱」を、単なる「情報の入れもの」や「そろばん」にしてしまっては無意味になるといっても過言ではなかろう。

（二〇〇〇年一月三〇日）

『床屋政談、居酒屋評論家』

「月例経済報告」という、これまでなら一部の経済専門家が関心を持つ程度の文書が最近では、日常会話にまで登場するようだ。長引く不況に耐えかね、一日も早い景気回復を望む声が、それだけ広く、深まっている証拠でもあろう。また景気動向を示す数値そのものに疑問を呈する声が高まっているが、これも一向に力強い回復の兆候を示さない経済指標に対する苛立ちも含まれているのではなかろうか。

たしかに、現行の経済統計が実際の経済状況を表さなくなってきたのも事実であり、国際化、情報化、世帯構成の変化など実態に即して早急な改革が求められる。例えば総務庁の家計調査には、単身世帯の動向が含まれていないといわれるが、単身世帯の割合が以前とは比較にならないほど増加しており、消費意欲が高い単身世帯を除いた消費動向調査など無意味に等しい、といっても過言ではなかろう。とはいえ、自社の業績不振を経済統計の不備に転嫁しては、経営者としての見識を疑われよう。

江戸時代、町内の情報交換の場でもあった床屋で、銭湯などで耳にしてきた話を手前勝手に組み立てて話す政治談義を「床屋政談」という。サラリーマンが居酒屋で盃を片手に、どこかで聞きかじった永田町や霞ヶ関の噂話を自己流に解釈して、憂国の士にでもなったように、浅薄な「お役人批判」をしている光景を目にするが、さしずめ現代版「床屋政談」といったところだろう。会社の不満、上司の陰口を肴に盃を重ねているよりはましだが、「天下国家を論じるなら、せめて一流新聞の政治・経済面の見出しぐらいは毎日、目を通してからにしてほしい」と、他人事ながら忠告したくなる場面に遭遇することも少なくない。

景気が低迷していても売上げを伸ばして利益を拡大している企業は多数存在し、反対に好景気の時代にも業績不振で消えていく企業が少なくない。政治や経済に関心を持ち、行政に不手際があれば正していこうという姿勢はたいせつだが、それと自社の業績はまったく別のものだということは、改めて指摘するまでもなかろう。ビジネスマンであれば、国の経済統計に欠陥のあることを知ったら、「居酒屋評論家」になる前に、自社に置き換えて売上げ予測システムを再検討してみるぐらいの心掛けがほしいものだ。

(二〇〇〇年四月二一日)

他人の意見、自分の考え

五月一九日の日本経済新聞に、「経済企画庁と総務庁が『個人消費動向把握手法改善のための研究会』を設置、消費統計の見直しをはじめた」という記事が掲載されていた。記憶している者も多いと思うが、四月二日号の本欄で「床屋政談、居酒屋評論家」と題して述べておいた消費統計の不備が、政府のプロジェクトとして正式に検討されることになったわけだ。

いうまでもなく、政府の消費統計が実体経済と合わなくなってきたことは多くの専門家が指摘していたことであり、わたしがいい出したことではない。日々の業務に追われる身に、政府統計の調査対象を詳しく調べてみる暇などあるわけがないし、統計マニアというわけでもない。そのような時間があれば、明日の仕事に備えてリフレッシュする方がよほど有益だ。

たいせつなことは、政府が発表する公式な情報でも、自身の体験に照らして「待てよ、何か変だぞ」と感じられる感覚を養っておくことだ。そのような感覚を養っていれば、普段は見過ごしている統計学者の専門的な解説から貴重な情報を見つけることもある。今日のように情報のあふれる時代には、漫然と情報を受け入れていたら、自分自身を見失い、他人の意見と自分の考えの境界も薄れ、情報の波に流されることになろう。外に情報があふれていればいるほど、自分自身の生き方、考え方をしっかり確立しておかなければならないということだ。

企業においても、「これからはネット産業の時代」などという情報に惑わされることなく、自社の特性を冷静に把握し、進むべき道を自信を持って進む強固な意志を持つことがたいせつだ。バブル時代には「もうけ話」という情報に幻惑されて、財テクにはしり、企業本体を危うくした多くの企業があったことを忘れてはなるまい。

メリーでは本社のオフィスに、高度なネットワーク構築のために床下配線を設置した。これによって業務のネットワークをそこねることなく、オフィスの配置換えが迅速に行えるようになった。このように最新の情報技術の採用、快適な情報環境の整備には常に心を配っているが、メリーの本旨は「想いを贈る」優れた品質のチョコレートを提供することであり、そのための情報技術であることを心に刻んでおいてほしい。

（二〇〇〇年五月二八日）

「アイ」について考える

「アイという漢字を書け」といわれたら、一〇人中八人までは「愛」と書くだろう。しかし「哀」もアイであり、「愛」と「哀」ではまったく別の意味になる。

目下大流行のＩＴの「Ｉ」も色々な意味を含んだアイであり、扱いには注意が必要だ。

もちろんＩＴはInformation Technologyの略語で、ＩＴの「Ｉ」は日本語で「情報」を意味するInformationだが、問題は「情報」に当たる英語はInformationだけでなく、Intelligenceという言葉も使われていることだ。

有名なアメリカの諜報機関、ＣＩＡ（中央情報局）の「Ｉ」はIntelligenceであり、Informationではない。「愛」と「哀」では別の意味になるように、IntelligenceとInformationでは意味が違うのだが、日本語では「情報」という一語で間に合わせてしまったところに、情報に関する議論を混乱させる原因があるように思われる。

たとえば「市場の情報が不足していて、打つ手が見つからない」などという声を聞くが、メリーの「販売日報」には市場の情報があふれている。メリーのような販売情報システムを持たない企業でも、営業活動を通じ多くの市場情報は集まっているはずだ。ただし、このようにして集められた情報が整理され、それらの情報が意味するものを導き出す「分析」という過程を経なければ、現実の業務に役立つ情報にはならない。Informationがたくさん集まっても、Intelligenceにならなければ宝の持ち腐れだ。

「情報不足で…」という不満の多くはInformation 不足ではなく、Intelligenceにする努力を怠っているか、その方法を知らないかだといってもよかろう。

また「情報の氾濫」という場合の情報もInformationであり、「実務に必要な情報＝Intelligence」が氾濫していることではない。InformationをIntelligenceにするのは人間固有の能力であり、ＩＴの「Ｉ」がInformationである限り、コンピュータには置き換えることができない。これからの職業人に求められるのは、情報の持つ意味を正しく読み取る洞察力であり、たいせつな情報を見落とさない目敏さだといえよう。

何はともあれ、ただの「哀れみ」を「愛」と間違えて、後で「哀しい思い」をしないように「Ｉ」は、常に冷静に読み取るように注意したいものだ。

（二〇〇〇年九月一〇日）

あ、痛てぇ?!

最近までの日本の経済政策を批判して、「土建屋経済」と呼ぶことがある。

たしかに日本列島の北から南へ、東から西へと高速道路網を敷き、新幹線を走らせ、島と島を橋でつなぎ、海底トンネルを掘り、人やものの移動を活発にして開発を進め、その結果として経済を拡大させてきたことは事実であり、「土建屋経済」と呼ぶのも日本経済の一面をついた表現だといえそうだ。

開発が進めば土地の利用価値が高まり、地価は上昇する。地価の上昇が続けば将来の値上がりを当て込んで土地は投機の対象となり、利用価値を越え異常なまでに地価が高騰してバブルとなる。バブルはやがてはじけて未曾有の不況を引き起こし、一〇年に及ぶ長期不況を未だに脱しきれず、国民生活に不安と暗い陰を落とし続けている。

最近の経済の推移をかいつまんで説明すると、およそ以上のようになるが、「土建屋経済」が行き詰まり、今度は人間や物資でなく情報を高速で大量に運び、その効果で経済を新たな成長路線に乗せようという戦略が、流行語となっている「ＩＴ革命」だといっても間違いではなかろう。

「高速道路ができる」という話を聞きつけ、街道筋の食堂が近代的なドライブインに改装して道路の開通を待ったが、高速道路の出口が予定より数一〇〇メートルずれたため、前より交通量は減り広大な駐車場にはぺんぺん草が生えている、などという悲喜劇はあちこちで聞かれたものだった。ＩＴ時代の「情報ハイウェイ」においても、実際に完成される前から中途半端な知識を頼りに右往左往しては、畑をぺんぺん草の生える駐車場に衣更えさせた悲劇を繰り返すだけのことであろう。

今、企業がなすべきことは、①情報の電子化、デジタル化を推進すること、②組織をスリムで合理的なシステムに改編することの二点であり、これさえ完成していれば、いつでも「情報ハイウェイ」に乗り出すことができるといっても過言ではなかろう。新しい情報を取り入れ、時代の流れを注視することは企業にとって重要なことだが、今日のような変革期の経営者に求められるのは、冷静に状況を見極める沈着さであり、先走って「ＩＴ」が「あ、痛てぇ！」にならないように自重したいものだ。

（二〇〇一年一一月二六日）

漫画、ケータイ、ＩＴ騒動

今日の漫画ブームを仕掛けた漫画雑誌の一つが、廃刊の危機にあると聞く。

通勤、通学の車内で漫画雑誌に読みふける若者たちをこの欄でも何度か批判しており、長引く不況が危機感を呼び起こし漫画から離れ、身のある書物へ関心が移ったのなら結構な話だが、「漫画すら、読まなくなってしまった」のが実態だという。

改めて車内を見渡してみると、忙しく親指を動かしてメールをやり取りしていたり、ゲームに夢中になっており、漫画雑誌を開いている若者はめっきり少なくなっている。時代の流れといえばそれまでだが、国をあげて推進するＩＴ革命のもたらしたものがこれでは、「ＩＴもいいけど『あ、痛てぇ！』にならないように…」などとジョークを飛ばしていられない。日本ＩＢＭの椎名武雄最高顧問は、拙書に書評を寄せて「ＩＴ革命、志なければタダ混乱」と、現下のＩＴ革命の将来に警鐘を鳴らしておられたが、氏の心配が現実のものとならないように願いたいものだ。

ＩＴ、情報技術の進歩は安直な経営を約束するものでもなければ、人減らしのための道具でもない。企業におけるＩＴとは顧客の要望・要求を探求し、消費者の日常生活、市場の動向に関する情報などを緻密に、しかも的確に収集し、科学的に分析して製品・商品開発、販売戦略の立案に活用するためにあるのであり、情報技術の進歩によって経営実務者はむしろ、質の高い知恵を以前より多く搾り出すことが求められていると考えるべきであろう。消費者ニーズと同様に自社の「ＩＴニーズ」を把握することが肝要なのであり、「ＩＴ革命」という熱病に浮かされ「時代に取り残される」という不安感から業者まかせで先端機器を導入しても、機械に業務が振り回されるばかりだ。また、情報機器の扱いは既に特殊技術ではなくなっており、キーボードを叩き画面をにらんでいれば仕事になっている、という錯覚からは即刻脱皮すべきだ。

ネットビジネスという言葉の魅力にひかれ、ネット上の仮想商店街、インターネットモールへの出店が盛んだが、その八割以上が赤字で経営が成り立たないと伝えられる。流行に浮かれて形だけの「ＩＴ化」を進めるようでは、漫画雑誌に飽きてケータイとゲームにうつつを抜かす若者を批判することもできまい。

（二〇〇一年三月一八日）

その③

知恵ある企業、魅力ある企業とは

景、軽、遊、寛…

不況という厚い雲の下で新年を迎えたが、すべての商品が低迷しているわけではなく、この不況の中で売上げを伸ばしている商品の代表格に軽自動車があげられている。

軽自動車の規格が変わり、従来の車より長さが一〇センチ、幅が八センチ大きくなった新規格車が昨秋発売されたことが起因となって、一〇月の新車販売台数は一三カ月ぶりに前年同月比一一％増、一一月には約一七万台と過去最高を記録し、低迷する自動車業界にあってひとり気を吐いているのが軽自動車だ。

この「軽自動車現象」について、景気回復の前兆とする楽観論と、「性能・居住性で小型車との差が小さくなり、小型車の需要が割安な軽自動車へ流れただけで、むしろ消費者の財布の紐は固くなっている」という悲観論があるようだ。たしかに、景気に関していえば、「軽自動車現象」を単純に景気回復に結びつけるのは楽観的に過ぎると思えるが、悲観論にとらわれていては時代の流れを見落とすことになる。

過去を振り返ると、バブル景気で消費者もメーカーも大型化、高級化路線をひたすら走っていたころに、二人乗りのスポーツタイプの軽自動車が売り出され、人気商品となったことがあった。一時的な人気で終わってしまったようだが、詳細に市場を観察していれば、遊び心を演出することによって黄色ナンバーの軽自動車も、街の商店の配達専用車から脱皮し、若者の心をとらえる新しい可能性を学んだはずだ。

過去にこのような経緯があって、規格が改正され一回り大きな軽自動車が発売されたのだが、もし消費者の意識が従来の商用車から変わっていなければ、新規格で価格が上昇し、小型車との価格差が小さくなった黄色ナンバーの「軽」より、ランクの高い白ナンバーの車を購入する消費者が少なからずいるはずだ。ポイントは「遊び心」と、一回り大きくなったことによる「ゆとり」と「くつろぎ」にあり、最近の生活者志向である「遊」と「寛」を軽自動車が備えるようになったと考えるべきであろう。

衣食住に加えて「遊び」と「ゆとり」、「遊」と「寛」がこれからの生活者の行動を解くキーワードになる、というメリーの戦略的な仮説が「軽自動車現象」ではからずも立証され、一九九九年、新春早々メリーには春の日差しが注いでいるように思われる。

（一九九九年一月二四日）

平成お祭りマンボ

多くの企業が好景気の時に膨張した企業規模をスリムにし、経営の建て直しに懸命になっている。売上至上主義から収益力強化へ転換を図り、リストラ、経費削減、人員整理など企業の大手術が行われているが、課題山積で、再建までにはかなりの時間と労力を要することは否めない。

バブルがはじけ「不況」「不景気」の大合唱がはじまったころ、親しい友人との酒席の座興に美空ひばりの「お祭りマンボ」の歌詞をアレンジし、爆笑を得たことがある。

日本の老若男女のみなさんは
苦労を忘れた平和な時代の極楽トンボで
お祭り騒ぎが大好きで
大枚はたいて　揃いのファッション

お祭りすんで　日が暮れて
つめたい不況の風が吹く今は
賞与も増えずに　しぼくれて
自宅待機のおじさんと

浪費が過ぎるぞ　無駄金使うな
春から冬まで　景気に浮かれ
ワッショイ　ワッショイ
ワッショイ　ワッショイ
ソーレソレソレ　ファッションだ

ほんにせつない　ため息ばかり
いくら泣いても　かえらない
いくら泣いても　あとの祭りよ

メリーは「転ばぬ先の健全な経営」をいち早く実践躬行し、現在、不況下にあっても強靭な経営体質を保っているが、メリー流の経営理念を解さず「経営という神輿」にぶらさがっている社員の存在は否定できない。創業者の遺訓にも「神輿は全員で担ぐもので、背の低い者は座布団を隙間に重ねて担ぎ、隙間のあることを知っていながら担ごうとする行為は〈担ぐ〉とはいわず〈ぶらさがる〉という」とあるように、ただ担ぐふりだけをしている「ぶらさがり社員」は猛省してほしいものだ。

「支出のムダ」「時間のムダ」「資材のムダ」「在庫のムダ」はすべて経費の流出につながり、怠慢経営のはじまりとなる。「蟻の穴から堤のくずれ」の格言が示すように、わずかなミスであっても大事を引き起こすことのないよう戒めておきたい。

（一九九九年三月二一日）

脳味噌に汗をかけ

日本企業の利益率は欧米企業に比べて低いといわれるが、「日本企業の平均利益率が二％前後であるのに対し、欧米の企業は八％程度」というデータを目の当たりにするとショックを感じないわけにはいかない。

もちろん、歴史的背景や国民性の異なる地域を単純に比較し、「だから、日本企業は利益構造を大改革しなければならない」と結論づけるのは早計に過ぎるだろう。事実戦後の荒廃しきった日本経済を立て直し、驚異の成長を成し遂げた要因の一つに、低い利益率に甘んじながら、営々と企業を育ててきた経営努力をあげることができよう。また八〇年代には、短期的利益を求めない「日本型経営」は世界の経営者の手本とされ、欧米の多くの企業家が「日本型経営」に注目したものだった。

利益とは売上げから原材料費と諸経費を差し引いたものであり、①利益率が一定なら、売上げが大きくなるほど利益は大きくなり、②売上げが拡大しなければ、原材料と経費の合計が縮小し、利益率が大きくならなければ利益は拡大しない。日本経済が拡大から安定の時代に移行し、売上げの拡大が実現しにくくなった今日、薄利多売的な戦略から利益率の高い効率の良い経営へ、戦略を転換するのは当然の選択でもある。

利益が確保できなければ、そこに働く多くの社員の生活基盤を揺るがすことになるが、安易に売価を上げたり、粗悪な原料に切り替える短絡的な手法では、消費者の反発を招き、衰退の道をたどることは火を見るよりも明らかだ。

企業とは「社員」、「取引先と得意先」、そしてお客さまである「消費者」の三つに支えられて成り立っている。この三者のいずれにも負担をかけず利益率の向上を実現する道を模索し、推進するのが知恵のある企業家のとるべき姿勢であろう。

とはいえ「いうは易く行うは難し」、脳味噌に汗をかく努力をせずに、この難問を解決する名案など生まれるわけがない。過去のミスを棚上げにし、欧米企業の手法を無批判に模倣し「木に竹を接ぐ」ようでは、新たな問題を抱え込むだけのことだ。

幸いにもメリーは今期に入って今日まで順調な業績をあげているが、気を緩めることなく、全社員が知恵を出し、効率の良い企業システムを構築することが肝要だ。

（一九九九年五月一六日）

前を向いて歩こう

世間の夫婦を見ていると、若い頃の夫は「我が家は亭主関白」と豪語し威張っているが、年輪を重ねるにつれて女房の方が強くなっているのが、平均的夫婦であるようだ。わたしも六十路をすぎ、後者の部類に属した感は否めない。若いころは妻を怒鳴ったり苦言を呈したこともあったが、お互いに年輪を重ねるにしたがって、「理想の夫婦像」というものができ上がっていくものだ。

「男子厨房に入らず」といった考えは、現代の若者にとっては死語に近く、最近では働く妻のために夫が食事をつくることは、ごく自然な行為であるようだ。経済企画庁の試算によると、専業主婦の労務価値は月額二五万円にもなる。「年収三〇〇万円」と考えれば、「夫、厨房に立つ」ことがあっても不思議ではない。家庭生活を営むための大小さまざまな仕事（掃除・洗濯・炊事）を他人に委ねたと仮定すれば妥当な金額であり、「誰のおかげで生活をしているのだ」といった暴言も無くなるにちがいない。

過日、わたしの大先輩でもあり、商いの師匠でもあった知人と、一〇年ぶりに再会した。「原さんョ、三年前にカミさんが逝って、新しい若い女房をもらったんだが、喜寿を前にして人生を謳歌しているョ！」との言葉に、生前の奥さまと親交を深めていたわたしは驚き、また一〇年前の凜凜しさが消えて、すっかり好々爺になった氏の姿に、当初は唖然とした。「死んだカミさんをいくら嘆き悲しんでも戻ってくることはないし、七六歳を過ぎた今、新しいカミさんとともに新しい人生を過ごすことが、僕にはふさわしいと思うんだョ」。人生の過ごし方については各人各様であるが、「過去を振り返ることなく、消沈せず、前向きに、そして楽天論を抱きながら過ごす」ことのすばらしさを学ばせていただいた。

このような激動の時代には、「失敗は成功のもと」ではなく「成功は失敗の元凶」と考えて経営を進めていくことが肝要である。しかしながら不況の続く昨今にあっては、ものごとを消極的（ネガティブ）にとらえるのではなく、積極的（ポジティブ）に考えることによって、進むべき道が拓けてくるのだ。

バブル期に事業拡大を続け、経営不振に陥った企業であっても、新世紀を迎えるに当たり、前途への「ポジティブな」夢をふくらませることが、最も望ましい姿ではなかろうか。

（一九九九年七月四日）

「強い会社」から「魅力ある企業」へ

「景気は、回復のための助走段階に入った」と経済企画庁は発表したが、不況を肌で感じている実務者にとって、回復を実感できないのが実態でもある。

そのような厳しい環境にあって、八月で終了したメリーの第四七期、経常利益を前期より拡大することができたのは、「売上至上主義から、利益重視へ」基本戦略を転換した効果だと思われるが、同時に多くの社員が会社の考え方を理解し、それぞれの立場で日常の行動として具現化した結果だと考えたい。

「国家が何をしてくれるかではなく、国家に対し何ができるか」と、アメリカ国民に問いかけたのは、四〇年ほど前、ケネディ大統領が大統領就任に際して行った歴史に残る名演説の一説だが、創立五〇周年を目前にしたメリーの社員が求められているのもまったく同じことだといえよう。企業は社長や上級管理職だけで動くものではなく、そこに働くすべての人々によって形づくられているのが「会社」という組織だ。このごく当たり前の事実を思い起こせば、「会社は何をしてくれるか?」と問うことは、そこに働く「社員が何を考えているか?」という疑問と同じことになろう。「会社がなんとかしてくれるだろう」と期待するだけの姿勢は、自ら何の行動を起こさずに、額に汗してともに働く仲間の行動をぼんやり眺めているのと同じことだ。

すべての社員が自分の置かれた立場と責任を自覚し、それぞれの能力と力量を発揮し、行動を起こした結果が、「不況の中での増収」という果実だったことに自信と誇りを持って、第四八期、二一世紀に向かって新たな一歩を力強く踏み出したいと思う。

また、「良い会社から、強い会社へ」を標榜してきたが、「強い会社」になることがメリーにとって最終目標ではない。「強くなければ生きられない。やさしくなければ生きる資格がない」というように、企業においても、資金力や販売力だけが肥大した「強い会社」では生き残ることができても、「メリーらしい」企業とはいえまい。

社員にも、取引先にも、お得意先にとっても、もちろん消費者であり、生活者であるお客さまにとっても「魅力ある企業」でなければならない。「チョコレートを通じて文化に貢献する」ことと「魅力ある企業」は、同じ線路上の二つの駅だといえよう。

（一九九九年九月五日）

初秋の東北路を旅して

紅葉にはまだ少し早い、初秋の東北路を愚妻と旅してきた。

神奈川県藤沢の拙宅を出て東京都内を抜け、埼玉、茨城、栃木、宮城、山形、そして秋田まで往復一、八七六キロのドライブは、運転歴四一年、車好きのわたしにもいささかハードなドライブだった。短時日に、これだけの距離を走破したことは、初めての経験であり、自分では若いつもりでも、残念ながら体力の低下を自覚しないわけにはいかなかった。

信奉するアメリカの放浪詩人、サミュエル・ウルマンの「青春の詩」に、「青春とは人生のある期間をいうのではなく、心の様相をいう」とあるが、筋力の老化は日常の心がけで遅らせることはできても、密かに進行することは止められないようだ。

年を重ねただけで人は老いることはなく、

理想を失ったときに初めて老いがやってくる
人は信念とともに若く　疑惑とともに老ゆる
人は自信とともに若く　恐怖とともに老ゆる
希望ある限り若く　失望とともに老い朽ちる

筋力はともかく、気持ちだけはいつまでも「青春」でありたいものだ。
どの集まりに出席しても、相変わらず「不況、不況」の恨み節ばかり聞かされるが、サミュエル・ウルマンが聞いたら次のように答えるのではなかろうか。

不景気だけが原因で企業は衰退することはなく、
創造性を失ったときに初めて破局が訪れる
企業は明日への夢とともに繁栄し　悲観とともに低迷する
企業はたゆまぬ努力とともに前進し　慢心とともに停滞する
希望ある限り成長し　明日が見えなくなって衰亡する

世間のうわさや風潮に惑わされず、時代観察を怠らず、自力で情報を収集して冷静に分析し、三年、五年、七年の短期、中期、長期の計画を立て、今日のような不確定な状況にあっては最良の場合、最悪の場合、そしてその中間と三つのシナリオを描いて前進する慎重さがあれば、「変化」は「チャンスの宝庫」だといえよう。

（一九九九年一〇月三一日）

合理化の落とし穴

期待された国産ロケットH2－8号は、エンジンの故障で失敗に終わってしまった。二一世紀の先端産業として、宇宙開発技術は先進国間で激しい競争が繰り広げられており、我が国のロケット技術は世界でもトップクラスと評価され「技術立国日本」の象徴の一つであるだけに、今回の失敗は残念でならない。

事故の原因は専門家の調査を待たなければならないが、新聞報道によれば国際競争に勝つために、打ち上げ技術も経費削減が強く求められており、品質、性能には絶対の自信を持つエンジンの点検を簡素化したことに問題があるのではないかという。

もし、新聞報道のとおりだとすると、作業工程を簡素化し、生産効率を上げようとして臨界事故を起こした核燃料加工、安価な材料を求めて海砂を使ってコンクリート崩落事故を起こした新幹線のトンネル、そしてH2ロケットのエンジン・トラブルによる打ち上げ失敗と、「経費削減」が引き金となった事故が立て続けに起きたことになる。

「けちと倹約は違う」といわれるが、無駄な支出を厳しくチェックするのが「倹約」、必要な経費まで出し惜しむのが「けち」だといえよう。

「無駄な支出」と「必要な経費」との区別は、「その作業の目的は何か」また「その作業を通じて絶対に起こしてはならないことは何か」という作業の本質を明確に理解してさえいれば、決して間違えることはない。決められた軌道上に衛星を打ち上げることが目的であれば、そのために最もたいせつなエンジンを、入念に点検する費用は無駄な支出ではないし、核燃料の製造において一見無駄に見える煩雑な作業手順は、絶対に起こしてはならない臨界事故を引き起こさないためには必要な工程だった。

いずれの場合も「何が無駄か?」という合理化の基本を学ぶには、あまりにも多大な授業料だったが、謙虚な反省に基づき失われた信頼の回復に努めてほしいものだ。

メリーにおいては、これらの事例を各職場に置き換え、全社的な視野から見つめ直し「与えられた使命は何か」「達成すべき、業務の目的は何か」、使命を果たし目的を達成するために「何が無駄か」「無駄をなくすには、どのような手段があるか」と、各職場を再点検する貴重な資料にしたいと思う。

（一九九九年一一月二八日）

二一世紀に乾杯！

二〇世紀最後の年であり、二〇〇〇年という区切りの年を迎えた。しばし多忙な日常から離れ、一〇〇年という長い期間で過去を振り返り、来るべき未来に思いを馳せてみるのも有意義なことであろう。

産業革命という、その後の一〇〇年を特徴づける大変革の中で二〇世紀は幕を開けた。それ以前の経済は農業が中心であり、日本では「加賀一〇〇万石」などと、米の生産量で国力を表し、武士の賃金も米で支給される「米本位制」ともいえる経済社会だった。また、日用品から交通の手段までが人の手、人の力による「人力」の時代でもあった。この「人力」を「機械」に変え、機械で生産し運搬するようになり、経済システムが劇的に改変したのが産業革命だ。生産性は急速に上昇し、生産コストは激減し、ものあふれる「豊かな社会」というゴールを目指して世界中の人々が競争し、物質文明の一つの頂点を極めたのが「二〇世紀」という時代だったということができよう。

その一方で、大量生産は巨額な設備投資が必要であり、大量生産をまかなうには大量な資源を要し、産業革命前の時代を「労働集約型経済」、二〇世紀を「資本集約型経済」または「資源集約型経済」と位置づけることができる。そして二〇世紀も終わろうとする一九九〇年代になって、日本ではバブル崩壊を契機として人々の要求・要望はものから離れ「くつろぎ」や「情報」などといった無形なもの、これまでの大量生産システムでは対応できない「コト」を求めるようになってきた。

これに呼応するように、産業界では「ベンチャー」という大きな資本を必要としない企業が出現し、従来にない新しい産業が創出されて二一世紀を迎えようとしている。

アメリカの経済学者、レスター・サローは「知識集約型産業」が、これからの経済の中心的な役割を担うことになるだろうと明言しているが、学者の主張を経営の実務に置き換えれば、力で他社を圧し市場を制圧する「強い会社」ではなく、生活者が共感する夢をデザインできる会社「魅力ある企業」こそ、目指すべき戦略だといえよう。何度も述べているように、メリーでは「魅力ある企業」を目指して着実に改革を推進しているが、その実現の一日も早いことを念じつつ新春の杯を乾したいと思う。

（二〇〇〇年一月九日）

大事なことを忘れていないか？

小渕首相が急病を発して昏睡状態に陥り、政治的混乱が憂慮されたが、大きな混乱を招くことなく森政権へ引き継がれたのは、不幸中の幸いというべきだろう。

緊急事態に遭遇して第一に考えるべきことは、正しい情報を速やかに伝えることだが、今回の「首相の入院」は二二時間も伏せられ、報道陣の問い合わせに対し官邸サイドは「首相は公邸で過ごしている」と誤った情報を流し、マスコミの批判を浴びた。

たしかに「最高権力者である首相が倒れたという事実は、民主主義の原則から主権者である国民に速やかに知らせるべきだ」という、マスコミ側の主張は正論であろう。しかも有珠山の噴火をはじめ国内的にも、国際的にも大きな問題を抱え、一瞬の油断もできないときに、最高責任者の行方をごく一部の者しか把握していないような情況では、危機管理の上からも寒々とした思いにさせられる。

ここまではマスコミ側の主張を認めるとしても、「それでは二二時間も、首相の動向をつかんでいなかったマスコミの責任はどうなる?」と考えるのは、部外者の無責任な感想だろうか。国民の目となり、耳となって為政者の言動を追い、チェックするのがマスコミの負うべき重要な責務であろう。たとえ、官邸サイドが誤った情報を流したとしても、公邸の空気にいつもとは違う何かがあったはずであり、微妙な変化を嗅ぎ取り真実に迫ろうとするのがジャーナリストだ、と考えるのは欲の深い期待だろうか。アマチュアでは見逃してしまうような、わずかの変化でも見逃さない眼力が備わってこそ、「プロフェッショナル」というものであろう。

陽春から初夏へ変わろうとするこの時期は、チョコレートからデザートへの転換期で販売員にとっては細やかな配慮が求められる季節でもある。汗ばむような日もあれば、重ね着をしたくなるような花冷えの日もあって寒暖定まらず、またその日、そのときの気温によって消費者の目は「今日はデザート、明日はチョコレート」とめまぐるしく変化し、比較的売上げの低い時期であるだけに、売場の敏感な対応が求められる。

「誰も教えてくれなかったから、知らなかった」ではすまないのがプロであり、常に「大事なことを忘れていないか?」と、自ら問いかけてみる心がけが肝要だ。

(二〇〇〇年四月一六日)

成長のための資金調達法

歴史と伝統のある上場企業の倒産件数は、戦後最悪を記録している。

過日も親しくしていた中堅アパレルメーカーが、消費不振による百貨店の売上げ低迷が引き金となって窮地に追い込まれ、ついに事実上倒産に追い込まれたが、このような企業の倒産の経緯から学び取る教訓は少なくない。

企業を破綻に導く原因は、業種や業態には関係なく、いくつかの共通点があるようだ。①自己資本比率の低下、②本業から離れた業態への投資（進出）、③売上至上主義への固執、④商品企画力・創作力の欠如、⑤従業員をたいせつにしない企業風土…などと問題は多岐にわたっているが、企業の成熟期「脂がのってきたとき」こそ、ともすれば社外に向かいがちな目を内部に注ぎ足下を固め、慢心することなく、トップの慎重な経営判断が求められる、ということにつきるようだ。

事業を拡大し、企業を隆盛に導くには資金が必要であり、資金調達方法は一般に二つの方法があるとされている。その一つは銀行から借り入れる方法で間接金融と呼ばれ、つい最近まで日本企業の資金調達の中心的手段となっていた。もう一つは株式市場に上場したり、社債を発行して直接投資家から資金を募る方法で直接金融という。

今日までの日本経済の枠組みを支えていた金融制度を見直し、種々の規制を緩和し、アメリカのように直接金融を中心とする経済体制に移行することが「金融自由化」の大きな目的の一つとされているが、資金調達の方法は上記の二つだけではない。

もっとも基本的な方法は、自社の経営努力によって得た利益を蓄積して、自己資金だけで事業を拡大する方法だ。自己資金の蓄積を待って事業を拡大していたのでは、機会を捉えて飛躍的に規模の拡大を図るということは困難だが、株式市場や投資家などの意向にわずらわされることなく社業に傾注できるという、大きなメリットがある。

サントリー、ルイ・ヴィトンなどは、非上場の長所を活かした好例だといえよう。

また、自己資金だけで堅実な成長をはかるには、利益率の高い企業体質であることが不可欠の条件だが、創業以来一貫してメリーが歩んできた道は正にこの路線であり、これからも堅持していきたいと考えている。

（二〇〇〇年一〇月二九日）

原因と結果と、見えない力

「ある街に美しい女性が住んでいました。隣の街には凜々しい若者が…」と書けば、「やがて二人は恋に陥りました…」となるのが物語の定番だが、たとえ毎日のように二人が顔を会わせていても、恋に陥るとは限らないのが現実の世界だ。

似合いの男女という「原因」があれば、恋という「結果」が生じると、原因と結果の関連を重視する考えがある一方で、似合いの男女がいても「縁」がなければ恋に陥ることはないと、原因と結果を結ぶ「見えない力」の働きを重要視する考え方がある。少々粗雑な分類との批判を承知で敢えていえば、前者をアメリカに代表される西欧流合理主義、後者を東洋的な考え方ということができるだろう。

日米経済交渉の場で、アメリカ側から貿易赤字の解消という結果が見えてこないのは、日本の自由化という原因が改善されないからだと追及され、日本側が対応に苦慮するという情景はマスコミを通じてよく見聞することだが、原因と結果を重視する合理的思考と、原因と結果は必ずしも直結するものではないと考える東洋的な思考、文化の差を見るように思われてならない。もちろん、文化の差だから互いに理解することができなくても仕方がない、などというつもりは毛頭ない。

文化の差、考え方の違いを認め合い、十分な話し合いをすることが、グローバル化が進むこれからの世界にあっては、ますますたいせつなことになるだろう。

企業経営においても、売上げや利益という結果が重要であることはいうまでもないが、良い原因が良い結果を生むにも、悪い原因が悪い結果を現すのにも「見えない力」が働く「時間」が必要だということを忘れてはならない。

業績が好調で「脂ののっているときは、滑りやすく転倒に注意せよ」といわれるのも、好調時に悪い原因があってもすぐに結果が出ないために慢心し、悪い結果が出現したときには手遅れになっているということでもある。メリーは歳末商戦を成功裏に終了し、年初からフル稼働態勢に入っているが、「驕らず、高ぶらず、舞い上がることなく」好不況に関係なく平常心を保つことが肝要であり、この時期に積み重ねた良い原因は、繁忙期過ぎには必ず良い結果をもたらしてくれることを胸に刻んでおきたい。

（二〇〇一年一月一四日）

不況、不況と嘆く前に…

バブルが崩壊して一〇年、「景気浮揚」の大合唱は一向に治まらない。

百貨店やスーパーの売上げは低迷しており、家計調査に見る個人消費は低調で、回復する兆しは見えず景気が良いとは思えないが、自動車や家電製品の販売は堅調だという。コンビニの売上げは引き続き伸びており、企業の設備投資も情報技術分野を中心にして回復基調だと伝えられ、住宅投資もこの一月にはやや持ち直していると聞く。

このように手元の資料や情報を分析、整理してみると、「景気が悪い」と決めつけることはいささか早計ではなかろうか。今後一時的な足踏み状態はあるにしろ、むしろ「景気はゆるやかな回復基調にある」と考える方が的を得ていると思われる。

では、なぜ「景気浮揚」の合唱が鳴り止まないのか。

「景気浮揚」「景気最優先」を声高に語る人々の話を聞くと、厳しい経営環境にあることは理解できるし、業界や業態によっては同情も禁じ得ないが、それらの説を総括すると

「景気の良い状態」とは「格別の努力や工夫をしなくても売上げが伸び、利益が拡大するような状態」を意味しているように思えるのは、わたしの偏見だろうか。

バブルが崩壊し未曾有の不況に突入したとき、わたしたちは「これからはもう右肩上がりの経済は望めない」と覚悟したはずであり、また日本の経済政策や政治が多くの問題を抱えていることは否定し得ない事実でもあるが、その「右肩上がりでない経済」こそ現在わたしたちが遭遇している経済状態そのものだといえるのではなかろうか。

「不況のときに、企業の優劣が鮮明になる」といわれるが、不景気な話を尻目に着実に業績を伸ばしている企業が多く存在することを忘れてはならない。「株式市況が現在の低迷状態を三月まで続けたら、銀行の保有株式の含み損は一兆五、〇〇〇億円にも達し、再び金融恐慌を引き起こす恐れがある」などと、経済政策や財政の問題点をもの知り顔に吹聴し慨嘆してみても、自社の業績が改善されるわけではない。

そのような心配をする前に、自社の欠点を洗い出し、長所や優位点を正しく評価し、社員の総力を結集することに意を用いるべきであろう。自らの企業は、自らの知恵と汗で守らなければ誰も助けてくれない、ということを肝に銘じておくべきだ。

（二〇〇一年二月四日）

権威と権力、自戒と反省

学園生活など遠い過去の出来事になってしまったが、久しぶりに学生時代の仲間が集い、罪のない思い出話に花を咲かせる酒席で、「この間、単位が足りないって呼び出された夢を見たョ」などという話題が持ち出されることは、よくあることであろう。

学窓を後にして四四年、久々の同窓会に出かけたときのこと、恩師でもある教授に「権威」と「権力」について尋ねられ、赤点を取った悪夢を思い出し、冷や汗をかく思いがした。お話を伺うと、教授の教え子が個人企業を経営しており、最近息子に社長の座を譲ったが、親から見れば子供はいくつになっても頼りなく見え、権限の委譲が思うように進まない。そこで、曲がりなりにも経営の舵を取っているわたしの意見を聞いてみたかったようだが、それが「権威と権力について」となるのがいかにも教授らしい。

とはいえ、相手は恩師であり、教授であることを考えればあいまいな返答はできない。また問題の本質は単に「権威」と「権力」という用語の解釈ではなく、親子の情に関わる問題でもあり、遠慮のない直言ははばかられる。その上、企業における「権威」と「権力」の問題は、わたし自身が悩まされていることであり、即答を避けて退散してきてしまったが、自戒の念を込め、そのとき、胸に浮かんだことを改めて整理しておきたいと思う。

権威は「他を追随させるに足る、その方面でのずば抜けた知識、判断力、実力」であり、権力は「その組織に属する他人すべてを、自分の意思どおりに動かすことのできる力」と辞書は記しているが、会社という組織における「権威」には職務の遂行に必要な知識、判断力、実行力、そしてそれらすべてを含めた「人間的魅力」が求められよう。また、経験と努力で身についた「人間的魅力」にひかれ部下は意見を求め、判断を仰ぐようになり、自然に「統率力」が備わってくる。企業における「権力」とは、このようにして生まれるものであり、肩書きにつく「長」という字が授けてくれるものではない。

もちろん、会社という組織の「長」である社長もまた例外ではない。「オーナーである」という「権威」に頼って、企業の「長」にふさわしい知識、判断力、実行力の研鑽を怠り、自戒と反省を忘れると「裸の王さま」になってしまうので注意しなければならない。

さて、この回答で教授は、果たして単位をくれるだろうか。

(二〇〇一年三月四日)

その④

メリー流人材教育

北国の夜風は冷たかったが…

中小企業事業団から講演の依頼を受け、冬の足音が聞こえる青森へ向かった。早朝の羽田空港を飛び立った機が東北の山地にさしかかると、紅葉に染まった連峰を従えた冠雪の八甲田山が望まれ、そして眼下の街には粉雪が舞い、さながらおとぎの国の演出を見る思いでもあった。

講演も無事終了し恒例の懇親会となったが、思うところがあって早々に宴席を抜けて、地元担当の若い社員を伴って鮨屋ののれんをくぐった。一九年ぶりに訪れた店だったが、昔のままのたたずまいであり、古いビデオを再生しているうちにビデオの世界が現実になってしまったような、不思議な感覚にとらわれ感慨もひとしおであった。

北国の新鮮な魚貝を肴に、東北の地酒を片手に若い社員との間で組織の垣根をはずし話がはずみ、思わずときを過ごしてしまった。このように年齢や社内での身分を忘れて盃を交わす「飲ミニケーション」こそ、真の人材教育というものであろう。

相変わらず一元的なマニュアル化されたカリキュラムによる「社員研修」という名の人材教育が盛んだが、出張先でも忙しい時間を割いて、胸襟を開き語り聞かせる機会をつくろうとする努力がなければ、人材教育など名ばかりのものになってしまう。

教育とは長い目で効果を期待するものであり、短期的な詰め込み教育で企業に役立つ人材が育つなどというのは、「人材教育屋」のキャッチフレーズに過ぎない。

メリーでは一元的な会議は行わず、「ディープ・コミュニケーション」を提唱して「家庭的な教育」を実践しているが、教会の神父や牧師の前で演じる「ソフトキス」より、情熱が燃え上がって交わす「ディープ」な口づけの方がはるかに多くの想いが互いの心にかよい合うことは、改めて説明するまでもなかろう。

北国の夜もふけ、のれんを取り込みはじめた鮨屋を出ると、一足早く冬が訪れた青森の夜風が冷たくほほを打ったが、熱くなった胸にはかえって心地よく感じられた。

入社五年目を迎えた若い社員と過ごした久しぶりの「飲ミニケーション」こそ、正に個人授業であり、形骸化した「社員研修」ではなく、メリーが実践しようとしている心のかよい合う「個人教育」の典型だったと自負している。

（一九九八年一一月二九日）

知識と実践

三月に入ると恒例の新入社員研修会が開講する。入社後に職場、配属が決まるが、リストラ経営を実践している企業では、先輩も上司も業務に追われ、基礎的な常識論を教示するにとどまり、熱誠をもって指導する管理職も少なく、当人が自然に体得するまでの時間を辛抱強く待つというのが一般的らしい。日本の企業組織では成長を自立性に委ねる一方で、新入社員をはじめ若いビジネスマンを、鋳型にはめるようなマニュアル的教育で洗脳しようとしているが、終身雇用が定着している企業の人材育成とはなるまい。

メリーでは社会人、企業人としてわきまえておくべき事柄を実践で教えている。組織の中で生きぬく秘訣、職場に慣れるための知恵、仕事を楽しくする工夫、快適な人間関係、自己啓発などについては、個別にわかりやすく指導しなくては身につかないとの考えからだ。

創業者の遺した啓蒙書は、作成して半世紀近くになるにも拘わらず、生きた「経営の教科書」となっている。不況になると本屋の棚に「企業家精神に立ちかえる」「企業家の真髄を学べ」など、企業の草創期を語る著書が多くなるが、事業を営んだこともない評論家諸氏の書物より、現代経営に役立つといっても過言ではない。創業者精神を後世の経営を担う人たちに先輩社員が「語り部」となって伝えていくことがもっとも望ましいことだと改めて思いを強くさせられる。

福沢諭吉は「経営は実学」であり、抽象的な学問ではなく「身近か」で「実際に役立つ」学問でなければ実学ではないと記述しているが、企業における研修も、知識論に終始せず、具体的な実務論を学ばせることが肝要であろう。創業者の書のむすびの言葉を下記に引用する。

知るは易く、行うは難しといわれるように、知識として身につけても行動が伴わないようでは無意味です。一〇〇を知って二〇を行動する人よりも五〇を知って三〇を行動する人を評価する社風を良き伝統として受け継いでもらいたい。「知るは力なり」しかし「知ることは人生の目的ではない」ことを忘れず、小さなことであっても実行に移すように心がけることが何よりもたいせつです。

「難しい話」を「易しく話す」ことがもっとも「難しい」、と語っていた創業者の含蓄ある言葉こそ、横文字乱用の現代人への警鐘であったような気がしてならない。

（一九九九年二月二八日）

集中と分散、自信と過信

マスコミのインタビューで、必ず受けるのが「経営とは？」という質問だ。

その質問には、「経営とは変化に対応し、継続的・計画的に事業を遂行すること」と答えることにしている。漠然として禅問答のようだが、広範な「経営」という業務を短く表現すれば、解釈の幅が広く抽象的になるのも、やむを得ないのではなかろうか。しかし「変化に対応」「継続的」「計画的」という三つのキーワードは、「経営」に欠くことのできない基本的要件だと確信している。

企業を取り巻く環境の変化が緩やかで業績も安定している状況では、経営者の手腕を問われることは少ないが、変化が激しく先行き不透明な状況下では、経営者の力量が企業の存亡を左右することにもなりかねない。

一口に「経営者の力量」といっても色々な見方があり、カリスマ性を持ち、自信満々の経営者なら権限をトップに集中させ、即断即決で進めるだろう。反対に自らの短所を知り、短所を補いながら企業を安定的に導こうと考える経営者なら、権限を分散して経営スタッフの成長に合わせ、長期にわたって永続的な発展を目指すだろう。

日本経済が拡大し続けていた時代には権力集中型の、カリスマ的手法が企業を急速に拡大させ喝采を浴びたが、景気が沈滞し大きな変革を求められる今日、業績が低迷し苦難にあえぐ企業に、権力集中型企業が散見される事実には注目すべきだ。

優れた企業家であっても、一人の目では読み切れないほど変化の激しい時代に遭遇し、過去の輝かしい実績は過信となって、時代の流れを読み取る眼力を曇らせてしまったということもできるのではなかろうか。

メリーでは無理な成長は望まず、社員の成長に合わせて拡大することを経営の根幹にすえてきたが、激動する時代に対処し、経営スタッフである上級管理職に権限を委ね、業務のスピード化を推進し、厳しい経済状況にあっても安定した経営を維持している。しかし権限の分散は、ときとして委譲された権限に慢心し、独善に陥る者が現れる弱点のあることを否定することはできない。権限の委譲と同時に「組織で人を動かす」ことなく、「人が組織を動かす」企業体質を構築していくことが肝要であろう。

（一九九九年四月二五日）

杖は、どこへいった？

「奥の細道」へ旅立とうとする芭蕉の杖が折れてしまった。

といっても、江戸時代のことではない。一九九九年一〇月、「奥の細道」の出発地とされる江東区深川の記念館に陳列された芭蕉の等身大のブロンズ像が持つ杖が、心無い者のいたずらで下半分を折られ持ち去られてしまった、と某紙社会面で報じられていた。あまりにも悪質ないたずらで、犯人には厳罰を科してほしいものだが、文化庁に報告される文化財の建物に対するいたずら書きだけでも、毎年四〇件を数えるというから、どれほど社会的な非難を浴びてもこの種の不心得者は後を絶たないようだ。

もっとも世界的な文化遺産として一位、二位にあげられるピラミッドや万里の長城もいたずら書きの世界的な名所とされており、七世紀の後半、白鳳期の寺院の瓦からは当時の瓦職人がヘラで彫ったものと思われるいたずら書きが見つかっており、これは古今東西を問わず人類が持つ悪癖の一つでもあるようだ。

それにしても、これから先の長い旅路を思い、杖を折られた芭蕉翁はさぞやお困りのことと思われるが、奥乃山細道という俳号を持つ九〇歳の男性が「芭蕉さん　暫く辛棒この杖で」という句を添え、ご自分の杖を折れたブロンズの杖に結びつけたという。「しんぼう」は正しくは「辛抱」と書くのだが、杖とかけて「辛棒」としたところに、何気ない句にも苦心の跡が見受けられ、「さすが下町」と、暖かいしゃれた心づかいに喝采を送りたい。腹立たしい事件も、シャレとユーモアで包んでしまう下町の人情に、今日の日本人が忘れていた大事なものを思い起こした者も少なくなかろう。

犯人の荒んだ心の中に、人間らしい暖かさが一片でも残っていれば、奥乃山細道翁の心づかいが反省と悔恨の情を呼び起こし、残していった杖はわき道にそれかけた犯人の心を「正しい道へ導く杖」となってくれるのではなかろうか。

またメリーの本社のトイレに、絶やすことなく可愛い花を飾ってくださる清掃業者の方の思いやりに感謝して「お謝麗募金」という名の募金箱が置かれて半年を経過したが、募金の額は減少することがない。声高な叱責や強制よりユーモアの方が、ときには人の心に強く訴えかけることもあることを知ってほしい。

（一九九九年一〇月二四日）

古い上着を脱ぐとき

過日、要職にあった社員の「卒業式」が催された。定年は、自分の力ではどうすることもできない企業の哀しい定めごとでもある。永年勤め上げた企業戦士の思い出にしばし浸っていたわたしに、彼は一冊の小説を置き土産に進呈してくれた。翌日寄せられた礼状の一部にそのいきさつが語られていたので、暗黙の許しを得てここにご披露したい。

昨年の秋が深まったころでした。八割がた「定年を以って退社」と決めておりましたが、もう一つ吹っ切れず「もうしばらく、会社の好意に甘えようか」などという未練が去来し、鬱々とした日々を過ごしていたとき、本屋でふと目に止まったのが石坂洋二郎の「青い山脈」だったのです。高校時代に読んだ本ですが、「こんなとき、こんな本をもう一度読んでみたら頭の中が空っぽになり、考えを整理するのに役立つのでは」と考え、小説の内容には多くを期待せず読みはじめました。ところがほんの数行ですっかり引き込まれ、後は夢中で読み進めてしまいました。午後の太陽を浴びていて、朝日が昇るときの爽やかさを忘れていた…、そんな思いが読後の第一感でした。そして、すっきりと「古い上着を脱ぐ」結論に達したのはいうまでもありません。そればかりではなく、自分の前にまだ目指すべき青い山々があるように思え、勇気が湧いてきたのは望外の収穫でした。

おそらく二〇世紀のメリーという「古い上着」を脱ぎ、二一世紀のメリーという「青い山脈」をどこに求めるか、日々胸を痛めておられることと拝察いたします。もしかするとそんなとき、この小さな一冊が思わぬ効果を発揮してくれるのではないか、そんな想いを込め失礼をも省みず敢えて進呈させていただいた次第です。ご寛容のほど願いあげます。

（以下　略）

リストラや成果主義を最優先する多くの企業の中にあって、メリーでは「家族的経営」を常に標榜している。そんなメリーらしく温もりにあふれた宴の席では、送る側ながらこれまでの道程や、苦難の時代を過ごした時々の情景と人々の顔が走馬灯のように想起され、感慨にふけってしまった。そして今、「古い上着」を脱いで肩にかけ「青い山脈」を彼方に見晴るかしながら、また着実に一歩一歩進んでいきたいと思う。

（二〇〇〇年二月六日）

ビジネスはゲーム？

コンピュータを使ったビジネスゲームの国際大会を、テレビで紹介していた。

二人一組で八カ国、八チームが競い合い優勝したのはメキシコ、日本は七位だった。コンピュータを使って内容は複雑になっているようだが、ゲームの仕組みは、過去にメリーでも社員研修に使ったことがあるものとほとんど変わらない。

将来は優秀な経営トップを目指す若者たちの真剣な態度に引き込まれてしまったが、観ているうちになんともいえない違和感が生じ、番組が終わるころには大きな疑問が胸のうちに残っていた。実社会を知らない若者たちが、経営の一側面を体験するのにビジネスゲームが有効な手段であることを否定しようとは思わない。また、ゲームに仕立てるために「経営」という複雑な営みを簡素化するのは仕方のないことであろう。しかし、あまりに経済合理主義で貫かれ、人間らしい「ココロ」の部分が抜け落ちているために、ゲームを通じて「経営」を学んだ若者たちの脳裏に片寄った経営者像を植えつけはしないか、という危惧を覚えるのは取り越し苦労だろうか。

販売促進費を増加させれば売上げが増大し、製品開発に資金を投入すれば優れた品質の製品が誕生し高収益商品が生まれるのがゲームの世界だが、それほど単純でないのが実社会というものだ。たとえば従業員の士気が低く、考え方がばらばらでは、投下する資金の大きさに応じ販売量が増加したり、優れた製品が生まれたりはしない。資金の運用策より、社員の士気の方が重要課題である企業が少なくないのも実情であろう。いかに資金の運用が巧みでも、社員の共感を得ることもできない経営者では、多くの顧客に支持され企業を繁栄に導くことなど不可能に近い。事実、最近の企業不祥事のほとんどは「ココロよりカネを優先した結果」といっても過言ではない。

過日の「販売実務研修」では「感動を与えるサービス」と題して、お客さまの満足を得て、売場の味方となってくださる「お得意さま=顧客」を創ることのたいせつさを繰り返し述べておいたが、改めて胸に刻んでおいてほしい。

『商いをビジネスと呼び、客忘れ』

などといわれないように、常にココロ重視の「想いを贈る企業」でありたいものだ。

（二〇〇〇年一〇月一五日）

情は人のためになる？

「情は人のためならず」という、ことわざがある。

「他人に情をかければ、それがめぐりめぐって、やがて自分の徳となって返ってくる。他人に親切にすることは、結局は自分のためでもある」というのが従来の解釈だが、最近では「情をかけると、その人を甘やかすこととなり、怠惰にさせることにもなる。なまじ他人には情をかけない方がいいのだ」と、理解されているという。

改めて読み直してみると、文法的には後者の解釈も誤りではなさそうだ。同じ言葉が正反対の解釈を生み、日本語の特徴を表す事例としては面白いが、最近の競争社会の殺伐とした世相を反映しているようで、心の中に隙間風が吹き込む思いがする。

創業者の遺した「社員ハンドブック」には「馬を水際に連れて行くことはできても、水を飲ませることはできない」という言葉がある。人を馬に例えるのは、いささか抵抗がなくもないが、これも「水際に連れて行く」ことに重きを置くか「水を飲む」ことに主眼を置くかによって、微妙なニュアンスの違いが生じてくる。

前者では「人を教え導くには相手にやる気があるか、ないかを考える前に、まず学ぶ機会を与えることがたいせつ」ということになるが、後者では「向上心や向学心は、自ら備えるもので、学び取る意欲のない者に教育の機会を与えても無駄だ」となる。

メリーでは社員のために、できるだけ多くの研修の場を設けているが、強制することはなく自由参加を旨とし、参加資格も可能な限りオープンにしている。

これは「機会は、全社員が平等に与えられるべきだ」という創業以来の考えに基づくものであり、結果はその場限りのペーパーテストなどでなく、日常業務を通じて発揮される成果によって公正に評価されることになっている。「出席した方が評価が良くなるのではないか」などと、向上心もなく興味もないのに参加してもまったく無意味であることは、メリーの社員なら周知のことであろう。

企業における研修とは、社員の資質が向上することによって、業績が向上して「魅力ある企業」へ近づくための投資であって、参加していれば良い評価がもらえるような研修では、「研修は社員のためならず」となり、経費の無駄づかいに過ぎない。

（二〇〇一年三月二五日）

ダイエットを考える

新世紀に入っても、ダイエット熱は一向に衰えを見せない。

といっても若い女性の痩身願望、肥満恐怖症のことではない。バブルの時期、財テクに頼る楽な経営を覚えた企業は、活力を失い、内部にはたっぷり無駄な脂肪をつけてしまい、逆風下で態勢を立て直そうとしても、足腰が立たなくなってしまっている。

人の肥満は早い時期なら、摂生に努め、運動によって無駄な脂肪を燃焼し、筋肉として再生し、健康的な体型を取り戻すことができよう。企業においても早期に危険を察知して本来の姿を取り戻せば、財テクで蓄えた社内留保を不況に耐える武器として活用することができたはずだが、痛みを伴う改革を回避して問題を先送りし、「リストラ」という名の外科手術を受けなければならないほど、病状の進んだ企業が続出しているのが、昨今の経済界、産業界の現状だ、といっても過言ではなかろう。

「企業は人なり」とか「優秀な人材こそが当社の財産」などと、口をそろえて唱えた経営者が、最近では従業員を企業の足かせとなる「お荷物」扱いし、「削減した人員の数値」を競い合っているが、「手のひらを返す」とはこのことをいうのであろう。このように「人員削減」とは、経営の失敗を如実に示す現象であるにも拘わらず、「人員削減」が株価上昇の要因になっているのだから、投資家の思考は一般人の常識とはだいぶかけ離れたところにあるようだ。

経営の三大要素は「ヒト」「モノ」「カネ」、ＩＴ時代には「情報」を加えなければならないが、これらの中心にあるのがヒトであることを忘れてはならない。

カネを使うのもヒトであり、カネを工面するのもヒト、モノを売るのも買うのもヒト、創り出すのもヒトだ。もちろん情報を集めるのもヒト、そこから意味を読み取るのもヒト、その上、ヒトをつくりヒトを育てるのもヒトであり、正に「人財」といえよう。「財」とは本来、宝を意味する言葉だが、せっかく育てたヒトを企業の足かせにしているようでは、文字どおりの「宝の持ち腐れ」にほかならない。

メリーは幸いにも、世間に吹き荒れる不況風に逆らって、順調な業績で推移しているが、破綻した企業の事例を「他山の石」として自己研鑽に努めてほしい。

（二〇〇一年四月一五日）

第一章 今週の提言

その⑤

〝今〟を考える

総理とチョコレート

為政者とは、常に賞賛より批判の矢面に立たされる役回りを担っているという。

賄賂政治の元祖ともいわれる江戸中期の老中、田沼意次でさえ、米を基盤にした旧い経済を近代的な貨幣経済へ改革しようとした、斬新な考えの持ち主だったと評価する歴史家もあるように、その時代の人気だけで決めつけることはできないようだ。

今日、大恐慌一歩手前の危機的状況を招いたのは政策の誤りに原因がある、と厳しく糾弾されている現内閣を後世の歴史家は、はたしてどのように評価するだろうか。

折しも橋本総理から東京商工会議所へ、不況に苦しむ中小企業者の実態について直接話が聞きたいという申し出があり、東商の一員として総理と懇談する機会を得た。

当日、総理のほか中小企業庁長官、経済企画庁長官などテレビや新聞紙面でしか見ることのない閣僚を前にして、中小企業の代弁者という、いささか荷が重い役割を負うことになり背中に汗のにじむ思いをしながら、実務者として肌身で感じる厳しい経営環境について、①法人税の軽減と消費刺激策、②個人所得税の抜本的見直し、③人材育成と後継者養成のための助成金拠出という三点に絞り、意見を述べさせてもらった。幸い、発言の一部がNHKはじめ民放テレビのニュース番組や日経、産経、毎日など新聞各紙にも報じられ、多少は面目を保つことができたと思っている。

残念ながら、首相からは「職人の手が日本を支えてきた」という独自の職人国家論と、「特定産業集積活性化法を活用してほしい」という返答を得るにとどまり、具体的な施策については言質を得られなかったが、重大な政策に関する発言を軽々に引き出すことができると考える方が無理であろう。しかし、その後の記者会見で「人材育成や後継者の養成については、考えさせられることが多かった」と述べていることから、「今後も定期的に懇談の機会を持ち、みなさんからアイディアをいただきたい」との発言も、政治家特有の外交辞令ばかりではなかったように思われる。

最後に、奥さまへのプレゼントとしてチョコレートを託したとき、難問山積みの激務を一瞬忘れたかのように満面に浮べた笑みが非常に印象的で、チョコレートの効用をまた一つ発見した思いでもある。

（一九九八年四月一二日）

たった一人の聴衆のために…

昔から「役者を三日やったら、やめられなくなる」といわれる。

客席から舞台を見る機会しか持たない者に、役者の醍醐味など実感のしようもないが、観衆の感涙を誘い、拍手を浴びたときの喜びは、なにものにも変え難いものであろう。ときどき頼まれて行う講演の席でも聴講者が共感し、うなずいてくれる様子や、こちらの話に興味を持ち瞳に輝きを増すのを感じたときには、何ともいえない快感を覚える。

もっとも、聴講者と共感しあって「今日は、良い講演ができた」と実感することなど、めったにあるものではないが、実務を通じて得た知恵を語るだけの素人講師には年に一度でも、そのような快感を味わうことができれば満足すべきであろう。

イベントの添えものとして、主催者から義理に絡んだ依頼を受け、恐る恐る引き受けたのがはじまりで、即効性を求めて「実務に即した話題を…」という最近の風潮からか、浅学非才を自認するわたしにも、たびたび講演の要請が舞い込むようになってしまった。

メリーのPRになることでもあり、一宣伝マンのつもりで、時間が許す限りお引き受けするようにしているが、やるからには満足のいく話をしたい。また下手な話で貴重な時間を無駄にしては、せっかく集まってくださる聴講者に申しわけないという思いで「上手に話すコツのようなものがないものか」と悩んでいたときに、「会場のすべての聴衆に呼びかけるのでなく、その中のたった一人に語りかけるつもりで話すといい」と、話し上手に教えられた。試してみると、肩の力が抜け、楽に話せるようでもあり、聞き手の態度もそれまでと違って、聞き耳を立ててくれるようで、今では講演の際のたいせつな心がけの一つとして励行している。

考えてみると「たった一人に語りかける」という手法は講演ばかりでなく、広告にも商品づくりにも、その他あらゆるコミュニケーションに有効な心がけだと思われる。日常、各職場において何万という商品を出荷し、たくさんの情報を発信している中で、「たった一人の、あなたのために…」という基本を忘れてはいないだろうか。

売場においても、目の前にいるのは多数の買いもの客の一人でなく、「この売場のたった一人のたいせつなお客さま」という心がけを忘れないでほしいものだ。

（一九九九年七月二五日）

恋の線引き

いつもの角で　いつも逢う
セーラー服のお下げ髪…

その昔、坂本九が歌い大ヒットした「明日があるさ」の冒頭部分だが、既に知る者もごくわずかであろう。といって、ここでナツメロの解説をしようというわけではない。

セーラー服のお下げ髪が厚底靴のガングロに、学生服のにきび面がのっぺり顔の茶髪に変わっても、恋の初心者が好意を伝えるのに、心震える思いがするのは同じであろう。たしかに「古き良き時代」に比べれば、過激なアプローチも普遍化しているとは思うが、やはり純情派が多数ではないかと考えるのは、六十路を越えた者の郷愁だろうか。

「明日があるさ」の一番は待ちぼうけ、二番は「ぬれてる　あの娘」をこうもり傘に誘おうと思うが声がかけられず黙っているだけ、そして三番は

今日こそはと待ちうけて
うしろ姿をつけて行く…

となる。これでは「つきまとい行為」となり、ストーカー行為規制法によって「一年以下の懲役または一〇〇万円以下の罰金」になりかねない。恋の初心者にとってなんともやりきれない世の中になったものだが、昨年一年で警察庁が受けたストーカー相談は八、〇〇〇件にものぼり、深刻な被害も続出していることを考えれば規制もやむを得ない。

「ひとの恋路を邪魔するやつは、馬に蹴られて死ねばよい」というが、新法が奏効し悪質なストーカーを一掃し、安心して恋のできる世の中を取り戻したいものだ。

「正当な恋愛行動」と「ストーカー行為」の線引きは微妙なことになると思われるが、たいせつなことは相手の気持ちを思いやる「気づかい」であり「思いやり」であろう。

売場においても、誰にも邪魔されずじっくり品定めをしたいお客さまか、販売員の助言を暗に求めているお客さまかを見極める観察眼こそ肝要だ。ベテラン販売員ならタイミングを誤って声をかけ、「あ、そう。また来るわ」と帰られてしまったという苦い経験を何度もしていることだろう。仕事熱心は大いに結構だが、ストーカー店員などといわれないように注意したいものだ。

（二〇〇〇年五月二一日）

危機管理、安全管理

「危機管理」という言葉が連日のようにマスメディアに登場するようになって、一体どのくらいの月日がたったことだろう。

湾岸戦争と、その後の阪神大震災に際して、政府の対応について「危機管理」という言葉が広く理解されるようになり、やがてバブル崩壊の混乱に直面する民間企業でも、「危機管理」が注目されるようになったと記憶する。記憶に新しいところでは核燃料加工業者の臨界・放射能漏れ事故、山一證券や北海道拓殖銀行からはじまった金融危機、最近では雪印乳業の集団食中毒、わたしたちにも身近な「そごう」の経営危機となる。

中でも「そごう」問題は、これからの金融システムや経営のあり方とも深く関わり、「国民負担の少ない債権放棄で再建を期すべきだった」、「いや、経営者のモラルを考えれば、民事再生法による法的処置をとって正解だ」と、やかましい議論に発展し、政治問題化して政界にまで飛び火しようとしている。いずれにせよ、メリーにとってお得意さまの問題であり、今後の成り行きを注意深く見守っていきたい。

企業における「危機」とは、日常の業務システムでは対応できない重大な事態に直面することでもあり、いうまでもなく危機に遭遇した時点で、企業は甚大な経済的損失や信用の失墜に見舞われている。そのような危機的状況にあって、放置すればますます拡大する被害をできるだけ小さく、最小に留めようとするのが「危機管理」だ。

経営環境が激しく変転する時代には、「予測不可能な万一の事態」を考えて、危機管理システムを備えておくことは当然だが、危機的情況に遭遇しないように、小さなミスも見逃すことのない鋭敏な「安全管理」のシステムを完備することが、より重要であることは誰の目にも明らかであろう。このような観点から上記の事例を検証してみると、いずれの「危機」も「予測不可能な万一の事態」ではなく、「安全管理」システムの不備に起因しているように思われるが、部外者の無責任な結果論であろうか。

危機に遭遇した企業には申しわけないが、これらの事例を良き教訓として、休み明け一番の仕事として各職場の「安全管理」システムを再点検してほしい。

（二〇〇〇年八月二〇日）

椎茸とチョコレートの物語

安価な輸入品から国内農業を保護するために、生椎茸、ねぎ、畳表の三品目について緊急輸入制限、セーフガードが発動されることになった。

実態を知っておく必要もあって、スーパーの食品売場を覗いてみると、ふっくらと肉厚で見るからにうまそうな生椎茸が七つネットに入って一袋一〇〇円、そのすぐ側にいくらか肉の薄い椎茸がプラスティックのトレーに入れて一袋一四八円で売っている。

説明するまでもなく安い方が中国産、高いほうが国産品だ。プラスティックのトレーなど、何の付加価値にもならない。ゴミ問題に敏感な最近の主婦にとっては、むしろマイナス要因であり、価格が五割も違っていては競争にならないのではなかろうか。国産品の方が安全だという声も聞こえてきそうだが、日本の商社が現地へ日本産の菌を持ち込み、時間をかけて栽培方法を改良し、もちろん衛生にも十分注意を払い、試行錯誤を繰り返してきた結果が今日の中国産椎茸だと伝えられる。

セーフガードの発動で、消費者はこの安価な椎茸を買うことができなくなった。たしかに経済面だけを考え農産物を海外に頼り過ぎるのは、国の安全という観点から問題があるとは思うが、すべての農産物を保護する必要があるのだろうか。

品目を絞り、何パーセントまでは国内で生産していなければ安全保障上問題があると戦略をたて、国民にも外国にも明示するのが自由貿易を標榜する国の責務であろう。

チョコレートの関税はわずか一〇％であり、もちろん量的な輸入規制など存在しない。しかも外圧によって関税が引き下げられた当時は、国内農業の保護という大義名分を盾に、チョコレートの主要な原料である砂糖には高い関税がかけられたままだった。日本のチョコレートメーカーは世界水準よりかなり割高な原料を使い、海外の安価な製品に立ち向かわされる、という厳しい試練に打ち勝たなければならなかったわけだ。

このような逆境を克服し、世界水準の品質を確立したのが日本のチョコレートであり、未だに「舶来上等」思想から抜けられない一部流通業者の再認識を強く促したい。

セーフガードの期間は二〇〇日だが、その間に飛躍的な生産性の向上がなければ今回の措置は単なる輸入妨害と非難されることを、関係業界は強く胸に刻んで欲しいものだ。

（二〇〇一年四月二九日・五月六日）

卒業生からのエール

時代を見すえた経営を

メリーチョコレート相談役、前専務取締役（昭和二四年入社）

増田　正夫

入社当時、チョコレートは統制下の時代でしたが、本物のおいしいチョコレートをつくるという創業者の意思で、創業当初からチョコレート製品を製造していました。今日のメリーの礎になった進物商品中心の政策に切り替えたのはテーブルチョコ全盛のころで大きな決断でした。

わたしは工場長、営業部長を経て昭和四三年に全体を統括する推進部長を拝命。四六年一一月、メルコムコンピューターを導入。菓子業界では初めてのことであったと記憶しています。かねてより創業者はコンピューター導入にはたいへん熱心で勉強もされていましたが、歳暮期の煩雑な伝票整理を考えて決心されたようです。創業者より指示を受け、わたしは意気に感じ泊り込みで取組みました。コンピューター導入の目的は収集した情報を活かして会社を分析することであり、昭和四八年には各店舗ごとのマトリックスを作成するまでになりました。

メリー創業当初は幾多の困難もありましたが、常に希望を持っていましたから、決して苦しいとは思いませんでした。人間は希望さえあれば必ず実現できる、というのがわたしのモットーです。

創業者は高潔で無欲な人柄でした。創業以来、何度か危機はありましたが、その度に創業者が続けられるならわたしもご一緒します、という気持ちで今日に至りました。創業者夫人は創業者を助けられ、たいへんなご苦労をされました。現社長は、最初の著書「今週の提言」に描かれたような理想的な会社にメリーをつくり上げました。本当に立派な社長になられ感無量です。

これからのメリーは四〇代の若い力を結集し、営業、生産、流通、管理部門の全員が一丸となり「時代を見すえた経営」をして欲しい、そして常に新しいことに挑戦していただきたい、それがわたしの希望です。

創業者精神を忘れずに

メリーチョコレート相談役、前常務取締役（昭和二七年入社）

奥山　哲郎

創業五〇周年という一つのけじめのときに、ふと過去を顧みますと、さまざまな出来事が脳裏に浮かびます。メリーにとって一番大きな転機となったのは、創業者と前専務を相次いで亡くしたことです。

この逆境の中で、現社長が会社を受け継ぎ、ここまで立派に会社を成長させたことは、とりもなおさず社長の努力と創業者精神の三つの経営理念――品質第一主義に徹する、顧客奉仕に最善を尽くす、社員の福利厚生に努める――を踏まえてきたからに他なりません。それについては頭の下がる思いがします。

創業者と前専務を亡くしたとき、社長は本人でなければ分からない想像を絶する苦労をされました。少しでも会社を大きくしたい、社員のために何とかしたいという自分に課せられた使命を切実に感じていたと思います。

その状況の中で常人では及ばない努力をされた社長の存在を忘れることがあってはなりません。五〇周年を迎えた今、改めて過去を振り返り、感無量のことと拝察いたします。昭和三三年に入社した社長は、その翌日から大きなトランクを二つ下げ、北海道へ新規開拓の営業に出掛けました。大学を卒業したばかりですから年齢的にあまりにも若く、今では考えられないことですが、そのような厳しいことも親子だからできたのでしょうか。いずれにしてもそのときの社長の「やってやる」という気持ちが現在のメリーの基盤になっていると思います。

その労苦を重ねられた方が今、トップになっているのですから、今後も社員全員が創業者精神を忘れずに、会社の目標に向かって社長を中心にぜひ頑張っていただきたいと強く願っています。

第二章　メリー　50年の軌跡

その① 揺籃期　〜青山・渋谷時代〜

社　長
原　邦生

創業者
原　堅太郎

平和産業の一助を担うことを夢見て――

女の子の横顔がトレードマークのチョコレートメーカーとして知られているメリーチョコレートカムパニーの誕生は、今から五〇年も前の一九五二年（昭和二七年）にさかのぼる。今でこそ、全国に一、八〇〇以上ものショップを構え、日本におけるバレンタインデーの生みの親とも、高級チョコレートメーカーとしてもすっかり定着しているが、戦後間もない当初は、多くの企業がそうであったように、今日の姿からは想像できないほどの苦難の連続だった。

そもそも創業者・原堅太郎が菓子屋としての道のりを歩みはじめたのは一九三〇年（昭和五年）、モロゾフ製菓（神戸）が創業にあたり社員の募集をしていたのを知り、応募したのがきっかけだ。そのころ砂糖は統制下にあり、菓子はとても庶民の手の届くものではなかった。みな貧しく、「贅沢は敵」――。そんな時代に菓子屋を志したのは、創業者の「お菓子を食べて怒る人はいない。これはきっと平和産業として発展する」という強い信念に似た思いからだった。

ここで創業者は、生涯忘れられない出来事に遭遇する。入社の際のことである。当時有数の材木問屋であった福原商店で営業をしていた経歴がモロゾフ社長・葛野氏の目にとまり、内定していた月給三五円が一挙に六五円に引き上げられたのだ。

「やればやっただけ報いてくれる」——。創業者にとってこのときの感動は忘れ難く、のちに自らも〈実力重視〉〈実力本位〉を経営の基本理念にすえることとなる。ゆえに、メリーでは創業以来、一貫して年齢給と功績給を絡めた給与体系を保守し続けているわけだ（第五章「〈メリーらしさ〉を育む」参照）。

モロゾフ時代の創業者は、製品倉庫管理を経て、間もなく営業を担当。モロゾフの名古屋から鹿児島までのルートを開拓するなど精力的に活動をする。また、進物中心の企画・商品化にも携わり、その一環で、海外から資材を取り寄せるなどして独自に考案した進物箱が市場で好評を博した。メリーが贈答用のチョコレートにこだわり続けたのも、このときの経験に端を発する。創業者にとってモロゾフでの経験は貴重な通過点であったに違いない。

そして、モロゾフへ入社してから二〇年後、戦争を経て、いよいよメリーチョコレートカムパニーが産声を上げることとなる。

◇　◇

どん底を味わう

実は、メリーチョコレートカムパニーを設立する前に「ＵＳチョコレート研究所」という会社を興していたことはあまり知られていない。

戦後間もなく百貨店が営業を再開し、そこに復旧した旧知の百貨店関係者から勧められ、戦時中操業を停止していたモロゾフの再開を待たずして設立した会社である。一九四九年（昭和二四年）一一月、原堅太郎、四五歳のときのことだ。目黒区祐天寺にあるパン屋の片隅を借り、製造場はそのパン屋の五坪ほどの窓もない薄暗い発酵室で間に合わせていた。道具といえば、わずかに二キロワットの電熱器と真鍮の鍋、冷却ボール、カバーリング用の鍋程度があっただけ。そのような中にあっても頑なに「本物のチョコレート」にこだわり、上野や自由が丘の闇市へ出掛けては原料の板チョコを調達し、チョコレートをつくり続けた。

が、当時はグリコースチョコレート（ぶどう糖に着色した安価な代用チョコレート）が氾濫していた時代。高額なメリーのチョコレートはなかなか受け入れてもらえなかった。また、チョコレートしか扱っていなかったため、夏に入ると売上げが激減し、ますます経営不振となる。社員たちに給料も支払えない状況に陥り、一人二人と辞めていった。創業者は家中の目ぼしいものをすべて質に入れ、借りられるだけの金を掻き集めたが、事業は一向に好転しない。夜な夜な借金取りが押しかけ、緊迫した日々を送る。そしてある日、大量の返品とともにとうとう倒産に追い込まれた。

〈一家心中しかない〉――。

「普段着ないような着物でおめかしをさせられたのを覚えています」と、当時小学四年生だった原邦生現社長は振り返る。

その夜、五人の子供たちは晴れ着を着せられ寝かされた。創業者は死を決意して、ガス栓を抜きにかかった。そのときである。

「借金が返せないからといって、こどもの命までくれとは借金とりも言ってないじゃないの。もう一度頑張ってみましょうよ」

妻がその手を止めた。

「母が父を止めていなかったら、わたしはもちろん、今日のメリーは存在していません」(現社長)

まさにどん底を味わったのだ。

再起を誓い合い、再び会社設立を志す。

百貨店との取引で知り合った河田寿雄氏とその知人である嘉茂勝治氏より資金援助の申し出があり、祐天寺から渋谷区青山青葉町へ移転し、三人の共同会社として操業を再開する。一九五〇年（昭和二五年）一〇月のことだ。

チョコレートだけでは夏を乗り切れないという前回の失敗を省みて、冬はチョコレート、春から夏にかけてはキャンディを製造し販売する。この年の一二月の売上げは八五万円。以降、タフィ、バターボール、チョコボールなど、徐々に取扱い品目を増やしていった。それに伴い、取引先も次第に増えていく。そして、一九五二年（昭和二七年）に、株式会社メリーチョコレートカムパニーを設立する。資本金五〇万円、従業員二〇名、工場も拡張され約五〇坪からの再スタートとなった。原堅太郎、四八歳のときである。

◇　◇

〈メリー〉に夢を託す

この「メリーチョコレートカムパニー」という社名には、創業者の並々ならぬ思いが込められている。

洋菓子を手掛けているということと、将来は海外へ進出することも見すえ、世界に通用する名前を、ということから外国の女の子の象徴的な名前として〈メリー〉を採用する。さしずめ、日本でいうところの〈花子〉、男の子では〈太郎〉といったところだろうか。そして、創業以来つくり続けている〈チョコレート〉と、〈カムパニー＝会社〉が続く。

自分たちの手による、自分たちの会社をつくることが夢だった創業者は、この〈カムパニー〉にこだわった。代官山の法務局へ登記申請をする際に、「〈株式会社〉に加えて、下に〈カムパニー〉がつくのはおかしい」といわれたが、「わたしの半生の思いが込められているので削除することはできない」と押し通した。

〈メリー〉、〈チョコレート〉、〈カムパニー〉――、どれ一つとして外せないのだ。

その後、事業の拡大とともに工場の移転を繰り返す。青葉町から次に移ったのは渋谷区鶯谷町。一九五六年（昭和三一年）のことだ。この年も創業者にとって生涯忘れられない年となる。

青葉町の作業場が手狭となったことから新工場への移転を決意し、鶯谷町に物件を見つけた創業者は、メインバンクから融資の内諾を得た。しかし、契約を交わした直後に、銀行側から「本店で決済が下りない」と融資を断られてしまう。すべてが白紙に戻ってしまったのだ。あまりのショックに創業者の髪は数日で真っ白になってしまったという。

途方に暮れ、これまでまったく取引のなかった三菱銀行（現東京三菱銀行）渋谷支店へ藁をもつかむような思いで飛び込んだ。その際、応じてくれたのが、当時の渋谷支店長の湯谷氏だった。あまりの必死な形相にただならぬ事情を感じとったのか、湯谷支店長は初対面であったにも拘わらず、親身になって話を聞いてくれた。そして、借入の申し入れを快く承諾してくれたのだ。

創業者は、その恩を一生忘れることはなかった。以来、今日に至るまでメリーのメインバンクは東京三菱銀行である。

◇　◇

受けた恩は忘れない——。

創業者の律儀さをよく表しているこんなエピソードがある。

メリーチョコレートカムパニーの設立よりかなり前のことだ。貧しかった原一家の家の側に、いつも行商にやって来るおばあさんがいた。顔を合わすうちに親しくなり、一家の貧しさを知ったおばあさんは、「白米ならうちにいくらでもあるから、いつでも食べにおいで」とやさしい言葉をかけてくれた。生活に窮していた一家は、その好意に甘え、家族七人連れ立って遠い道のりをおばあさんを訪ねて延々と歩いて行き、白米をご馳走になったという。その後、メリーチョコレートカムパニーを設立し、経営が軌道に乗ってきたころ、再び行商のおばあさんが近くまでやって来ていることを知り、創業者の妻は、懐かしさと過日の恩を思い、すぐさまおばあさんのところへ行き、売っている商品をいくつか購入した。そして、その話を家に戻ってから家族に伝えたところ、創業者は感心するどころか、もの凄い剣幕で妻を怒鳴りつけた。

「なぜ、売っている商品を全部買ってこなかったのか！　当時の恩を忘れたのか！」

後日、改めて行商のおばあさんを訪ねたことは言うまでもない。創業者とはそういう人だった。

鶯谷町の新工場は、当初こそ閑散としていたが、次第に設備が整い生産量も増えていった。一九五七年（昭和三二年）には「カットチョコレート」を一キロ七〇〇円で販売し大成功を収める。しかし、「こういうことをいつまでもやっていたのではギフトメーカーになれない」といって、その販売をあっさり打ち切ってしまった。「わたしだったら、売れている絶頂のときに販売を打ち切る勇気は持てなかったでしょう」と現社長・原邦生は言う。それほどギフトに対する創業者の思い入れは強かった。

そして、一九五八年（昭和三三年）、日本初のバレンタインフェア開催へと駒を進める。これがメリーを今日の成功へ導く足掛かりとなるわけだ（第三章「バレンタインにみるチョコレートの効用」参照)。

◇　◇

一九五八年(昭和三三年)には、現社長に言わせると「半ば強制連行的に」原邦生がメリーに入社する。本人は教師を目指し、既に赴任先の学校まで決まっていたのだが、家業を継いで欲しいと哀願する母親の涙に屈し、渋々承諾したのだった。入社して二日目には、商品を詰め込んだ大きなトランクを持たされて父に連れられるままに営業に行かされた。

このころは、ようやくメリーが会社として本格的に機能し出した時期で、社員はみな、朝七時から夜九時まで、新規ルートの開拓に奔走していた苦しい時期だった。が、この時期こそ今日のメリーの揺るぎない基盤が築かれた、といっても過言ではないだろう。

メリーは今でこそ順調な経営を続け、業界内でも上位にランクされるような業績を上げています。しかし、昭和二五年の創業当時は、現社長の亡き父である創業者・原堅太郎が身を削るほどの貧しさと厳しい労働条件の中で、数少ない社員とともにメリーの礎を築いていったのです。

現社長にしても昭和三三年の入社当時から、薄給、残業、休日返上など、「社長ご令息」のイメージとは程遠い厳しい環境の中で、営業担当者として日々の受注や納品、取引先回りなどの仕事をこなしながら、少しずつ着実に取引先を広げていったのだと社長は述懐しています。ところがそのような過酷な時代も、社長や創業者、そして当時を知る数少ない人々にとっては、「あのころは楽しかった！」のです。

また、昔の卒業生（メリーでは定年退職された元社員のみなさんを、尊敬と親しみを込めてこのように呼びます）は、すでに整備された安定企業の中で毎日を過ごしているわたしたちには到底想像もし得ないような、体と心のたくましさを持っているのです。

わたしは、そのような苦しい中にも充実していて、「生きている甲斐」のある時代を知っている方々が、うらやましくてなりません。

これは、現社長・原邦生の著書「感動の経営」の中に、社長秘書が寄せている文面から抜粋したものである。ここにあるように、企業の拡大を夢見て、社員が一丸となってがむしゃらに駆け抜け、厳しい環境下にあっても、もっとも輝いていた時期だったといえよう。

第二章　メリー　50年の軌跡

その②　躍動期　〜渋谷・大森時代〜

苦い経験を教訓に

メリーの歴史を語る上で忘れてはならないエピソードがある。一九五九年（昭和三四年）のことだ。

当時、百貨店には納品されてくる商品を検査する機関があったのだが、大丸の検査機関から、「メリーのハンドメイドチョコレートから銅成分が検出された」との報告が入ってきたのだ。

チョコレートは、練れば練るほど粒子がきめ細かくなり、口解けがなめらかになる。メリーの工場では機械が二四時間フル稼働でチョコレートを練っているのだが、調査の結果その練り棒の留め金が何かの拍子で外れ、チョコレートの入った銅鍋の内側を削ってしまいこの事故を引き起こした、ということが判明した。

創業者は直ちに、大丸に納品した商品だけでなく、すべての取引先からその商品を引き上げるように命じた。そして、工場の片隅に大きな穴を掘り、泣く思いでチョコレートを土中に葬り、二度と同じ過ちを繰り返すまいと、社員全員で固く誓い合ったという。メリーが人一倍品質にこだわるのも、この苦い経験を深く胸に刻み、教訓としているからだ。

過去の失敗や過ちを隠したがる企業も見受けられるが、メリーではむしろ、失敗をさらけ出すことで、自身（自社）への戒めとしている。

◇　◇

おいしい、だから愛される

このころ、商品開発が盛んになる。一九六〇年（昭和三五年）には、その後長く親しまれることとなる「アソート缶」や「アーモンドスカッチ」のデザインがすでに誕生している。そしてこの年、ついに念願だった年間売上げ一億円を突破する。そば屋から店屋物を取り、社員全員でビールで乾杯した。

バターとアーモンドによる豊かな風味と独特の口あたりが特徴のキャンディ「アーモンドスカッチ」が完成したのは一九六三年（昭和三八年）のことだ。当時、一キロ三五〇円が相場であった中、厳選した原料を使用していることから、一キロ一、〇〇〇円という価格をつけざるを得なかった。相場の三倍という破格値である。社員でさえも売れる商品とは思えなかったが、「良いものは食べてもらえば分かる」という創業者の信念によって販売を断行。結果は多くの懸念の声をよそに大成功を収め、一世を風靡する商品となったのだ。

当時巨人軍の選手だった王貞治氏をはじめ、映画監督の山本嘉次郎氏、歌手の布施明氏など、多くの著名人がノーギャラでアーモンドスカッチの広告塔となり、社まで出向いてサイン会を行ってくれたり、メリーショップの店頭に立ってくれたりもした。理由はただ一つ、アーモンドスカッチが本当においしいからだ。中でも推奨文を寄稿してくれた山本嘉次郎監督は晩年、ウィスキーのつまみにアーモンドスカッチを食べることが唯一の楽しみだったというほど、アーモンドスカッチに魅了された一人だ。

「自宅で療養中の山本先生を見舞い、先生の寝室に上げてもらったのですが、机の下にアーモンドスカッチの空き箱がたくさん転がっていたのを覚えています」（原社長）。

ちなみに、山本監督の推奨文を掲載した広告は、のちの「推奨広告」の先駆けとなる。

◇　◇

一つひとつ夢を現実に変えて

一九六五年（昭和四〇年）には、アーモンドスカッチ発売三周年を記念し、百貨店の食品売場でフラワーセールを実施する。これは百貨店食品売場での催事の走りとなる。また、同年、渋谷に喫茶室を併設した初のパイロットショップをオープンする。狭く、座席もわずか四席の小さな店であったが、「嬉しくて日に何度も足を運んでしまいました」（原社長）。やっと自分たちの店が持てたという感慨はひとしおだった。

昭和40年頃に描かれた夢のショップのイメージ画。将来こういうショップを持つことを夢見て苦しい時代を乗り越えてきた

スケッチを元に1997年、東京・自由が丘にオープンした「ポエム・ド・メリー自由が丘本店」。パリのプチホテルを思わせるお洒落なたたずまい

「そのころ描かれたものです」

といって原社長に一枚のスケッチを見せてもらった。

「何かに似ていませんか？」

そう、何かに似ている。今日、自由が丘や目黒にある「ポエム・ド・メリー」にそっくりだ。聞くと、このスケッチは創業者が、将来こういうショップを持ちたいといってデザイナーに描かせた夢のショップのイメージ画だという。

「実は、今あるポエム・ド・メリーは、このスケッチをモデルにつくったショップなのですよ」

結局、創業者はポエム・ド・メリーの完成を見ずしてこの世を去ってしまうのだが、

「叶えられる夢は一つずつ叶えていきたい。それが先人たちの苦労に報いるたった一つの方法だと思うのです」


このころから創業者はよく夢を語るようになった。その夢とは、「社員に日本一の給与を払える会社になること」、そして「世界の人にメリーのおいしいチョコレートを食べてもらいたい」ということだ。

その言葉を裏づけるかのように、ちょうどこのころ、英国製の高級ミルククラムを使っ

た良質なミルクチョコレートづくりに着手している。将来来るであろう〈チョコレートの自由化時代〉を見すえ、世界に通用するチョコレートをつくるためだ。

そのうち、ヨーロッパやアメリカにもきっとショップを出すであろう。創業者の願いを叶えるために。

◇　◇

ボロを身につけていても心の豊かな会社です

話は一九六〇年代に戻る。

一九六七年（昭和四二年）――。現社長、原邦生は当時、営業部長として営業の第一線にいた。

営業を担当してから専務に就任するまでの三一年間で、取引先は七七四店舗にまで拡大するわけだが、数々の取引交渉の中でも、とりわけ印象に残っているのが、三越本店との取引に成功したときのことだという。

定休日以外は毎日午後三時の決まった時間に、仕入れの担当者を訪ねて三越の事務所の扉を叩いた。しかし、一向に相手にしてもらえない、そんな日々が一年も続いた。ある日、いつものように事務所を訪ねると、走り書きのメモを渡される。「何度来てもダメ」

と一言書かれてあった。口さえ聞いてもらえなかった。

「今日行って駄目だったらあきらめよう」、ついにそう決意し、通い続けた道のりを三越に向かって歩いて行った。

そのときの模様を原社長は以下のように綴っている。


三越との取引の実現を目指して、創業者をはじめ先輩社員が努力を重ねたが、ただ時間の浪費に終わるだけであった。そしてその後の折衝を任されたのが、当時二九歳のわたしだった。

交渉は一向に進展せず、ろくに声もかけてもらえない有様で、創業者から「あきらめよう」「もう三越に行かなくてもいいよ」と寂しげな口調で慰められたのが、その日の朝のことだった。

「主任さん、生涯を通じてつき合おうという友人を選ぶとしたら、どんな人ですか。ボロを身につけていても心の豊かな人、メリーはそのような会社です」

胸がつまって最後には声にならなかったが、胸のつかえをぶつける思いで、一気に話して立ち去ろうとした。

生意気な奴だ、と思われたにちがいない。この事務所を訪ねることは、もうないだろう。せめて堂々と胸を張って帰ろう。そのときだった、

「メリー、取引しよう」

一瞬、耳を疑った。言葉の意味を理解するのに、何一〇秒かの時間が必要だった。どこを、どう歩いて地下鉄に乗ったのか覚えていない。

電車の振動に身を任せ、窓外の暗闇を飛び去る光を見ているうちに、喜びが実感となって沸き上がってきた。

「やった！」という以外に、そのときの気持ちをいい表す言葉を知らない。きっと喜んでくれるに違いない顔が、次々に浮かぶ。

日本橋から渋谷までが、こんなにも遠く、地下鉄がこれほど遅いと感じたことは、五〇余年の人生の中で、このときを除いて一度もない。

（一九九〇年二月「遅かった地下鉄」より抜粋）

この契約を境にしてメリーの信用力が増す。阪急百貨店梅田本店、東急百貨店東横のれん街——と、次々に取引を開始していった。

◇　　◇

今日の骨子を確立

取引先の拡大に伴い、アーモンドスカッチやキャンディなどの生産量が増加し、工場が手狭となったため、再び工場の移転を決意する。そして、一九六八年（昭和四三年）に現所在地である大森（東京都大田区）に土地を購入し本社・工場の建設が始まる。明くる一九六九年には一部未完成のまま新社屋へ移転する。

この年、原邦生営業部長（現社長）は、片道切符で単身アメリカへ派遣され、ロス・アンジェルスのモダンフードマーケットのショッピングセンター内に、ガラスケース二本と小さいながらもショップを構えることに成功、海外初進出を果たす。そして、その足でニューヨークの一流百貨店、メーシーズに立ち寄り、四〇日間ほど仕事を体験させてもらう。

そこで邦生が目にしたのは、初めて見る〈コンピュータ〉というものの存在だ。人間がタイプライターのようなものをパタパタとたたくと、ベルトコンベヤーに乗ってダンボールに入った雑貨がポンと出てきた。オフィスコンピュータの走りであろう。

「思えば、これがわたしにとってのＩＴ（情報技術）との最初の出会いでした」

帰国後、すぐにコンピュータの存在を創業者に報告した。報告を受けると創業者はすぐに社員一名をコンピュータの技術や知識を学ばせるために一年間研修に行かせる。そして、一九七一年（昭和四六年）には他社に先駆け三菱メルコムコンピュータをいち早く導入している。これを機にメリーのＩＴ化が急速に進む（第四章「ＩＴ武装による〈強い会社〉の確立」参照）。

コンピュータの導入に際しては、社内で賛否両論があったという。コンピュータを入れるぐらいなら機械を買って生産性を上げる方が先決だ、と主張する者もいた。また、小さい会社にコンピュータは必要ないという声もあった。が、創業者は「零細企業であるからこそコンピュータが必要なのだ」といって導入に踏み切る。

ともあれ、ニューヨークでのコンピュータとの出会いは、のちのメリーの骨子を築く上で大きな収穫であった。

この年は、モダンフードマーケットへの出店以外にも、ユナイテッド・トレーディングカンパニーを通じて香港へのアーモンドスカッチの輸出に成功している。また、国内においても、九州や四国の大手百貨店との取引を開始したほか、大妻女子大学の学長であった大妻こたか女史（故人）に伴われ、創業者と当時営業部長だった原邦生現社長が皇族を表敬訪問する機会を得、アーモンドスカッチを献上するなど、実にさまざまな出来事があった年だった。
そして突入した一九七〇年代は、アーモンドスカッチが全盛期を迎え、イタリア産の栗をナポレオンブランデー入りの糖蜜液で煮込み熟成させた「マロングラッセ」（一九七二年）や、ハンドメイドチョコレートが一種三、四個ずつパック包装された「パックチョコ」（一九七三年）、材料を厳選吟味した最高級のハンドメイドチョコレート「ポエム・ド・メリー」（一九七七年）、果肉五〇％のボリュームと高級感のあるデザートゼリー「フィフティフレッシュ」（一九七八年）、手軽に摘まめるカジュアル感覚の粒チョコレート「ファンシーアメリカン」（一九七九年）等々——、今日も親しまれ、愛され続けているメリーの定番アイテムが次々と誕生している。

さまざまなシステムが構築された時期でもあった。一九七二年（昭和四七年）春にはコンピュータによる販売管理（主に伝票発行）を開始し、一九七五年（昭和五〇年）には商品の動き、お客さまの要望、他社の動きなどを販売員が報告する「日報制度」を導入している。日報には市場の情報が溢れ、ここに寄せられた販売員のアイデアをヒントに生まれた商品も多く、メリーにとって大きな財産となる。そしてこれがのちにＭＡＰＳ（メリーズ・ポイント・オブ・セールス・システム＝メリー独自開発のＰＯＳ）となってさらなる発展を遂げるのだ。一九七六年（昭和五一年）には販売員と本社の情報交流を促進する目的で、社内報「メリーズインフォメーション」も発行している。

バレンタインの時期だけでなく、普段からチョコレートに慣れ親しんでもらいたい、チョコレートの素晴らしさを知ってもらいたいという思いから、辻クッキングスクールの協力のもと、同スクール銀座校校長・海藤ユキエ氏を講師に迎え、「手づくりチョコレート教室」を横浜、日本橋、渋谷、池袋の四校で開講したのは一九七七年（昭和五二年）。

メリーにとって内外ともに充実してきた時期だったと言えよう。

◇　　　◇

一九八〇年代もまた飛躍の年であった。一九八一年（昭和五六年）には、まだその概念が一般的に浸透していない時代であったが、全社的にＣＩ（コーポレート・アイデンティティ＝企業イメージ統合戦略）を導入し、業界から注目される。メリーの象徴ともいえる人形のロゴマークは、一九五〇年（昭和二五年）につくられたものだが、多少の修正を繰り返し、今日の形となったのはこの年である。

一九八二年（昭和五七年）四月には、ディズニーランドのオープンに伴い、オリエンタルランドとの取引を開始している。またＩＴ面では、ＴＤＥ（テレフォン・データ・エントリー・システム）を導入、本社のメインコンピュータが各売場の端末機とつながり、発注、売上げ報告、店卸報告などがオンライン化される。一二〇品目の発注が約二〇秒で送信できるとあって効率が飛躍的に高まり、また、集計されたデータは出庫管理や請求書の発行、在庫管理などに活かされ、業務の敏速化にもつながった。

そして一九八三年（昭和五八年）一〇月には、台湾のアジアワールド（現・鴻源百貨公司）に待望の一号店をオープン、翌年には台湾初のバレンタインセールを組んだ。台湾には元々旧暦の七月七日に恋人同士がプレゼントを交換し合う「情人節」という日があるのだが、これを「サマーバレンタイン」とし、二月一四日のバレンタイン（女性から男性にチョコレートやキャンディを贈る日）に対して、この日を男性から女性へ贈る日と位置づけたのだ。そしてこれを機に、台湾に次々とショップを出す。

一九八六年（昭和六一年）一〇月には千葉県船橋市の京葉食品コンビナートの一角に新工場「船橋工場」（延床面積四、四七〇平米）が完成する。

「とにかく父にはよく怒られました」（原社長）というように、この船橋工場設立にあたっても、借入金の返済計画を巡って創業者と原社長の間でこんな会話が交わされた。

「いつまでに返済する予定だ」（創業者）

「一〇年」（社長）

「じゃあ、やめておけ。わたしなら五年で返せないものはやらない」（創業者）が、結局、社長が粘り、妥協点ということで七年返済を約束する。そして約束通り七年で返済を終えた。

◇ ◇

父、兄の死を乗り越えて

会社は実に順調な時期にあったが、原邦生に突如試練が次々と襲い掛かる。

一九八五年（昭和六〇年）に原晃初代専務（現社長の実兄）が、一九八六年（昭和六一年）には創業者が相次いでこの世を去ったのだ。〈社長の重責〉が突然その身に降りかかる。入社以来、営業畑一筋できたために、経理のイロハも人事や生産の右左も分からない。「果たして社長が務まるのだろうか――」、不安ばかりが募った。

そして、その不安を振り払うかのようにこの時期、本を乱読する。週に平均して一一冊は読んだという。睡眠時間はせいぜい三時間程度と眠れない日々が続く。セミナーにも機会を見つけては通い詰めた。自分の進むべき道とは――？　自分は何をするべきか――？その答えを求めて――。

そんなときに作家である童門冬二氏の講演を聞く機会を得る。内容は江戸時代に若くして米沢藩を建て直した上杉鷹山の話だった。

「〝庶民を敵に回して藩は成り立たない〟――。この言葉に目が覚めた思いがしました。わたしのやるべきことは、社員、お客さま、取引先のためにも企業を存続させること、それに尽きると。これまでの不安が一気に消え、進むべき道が見えた気がしました」

◇　　◇

五人の〈人生の師〉

苦しい時期だったが、このころ原邦生にとって貴重な出会いがいくつもあった。

「わたしには〈人生の師〉と仰いでいる人が五人います」

創業者という、これまで常に自分の前に立ち、身をもって進むべき道を示し教えてくれた存在を突然失ってから、この五人の人物を師と仰ぎ、彼らの言動を総合して自分の道を切り拓いてきたという。

その一人は、どん底からの道標を示してくれた、前出の童門冬二氏。そして二人目はノンフィクション作家の上之郷利昭氏だ。上之郷氏は、かつて「西武王国」や「ダイエー物語」など、自身が実際に出会い見てきた名経営者たちの素顔や手腕などについて多くの著書を手掛けている。つまり、さまざまな企業の歴史、あるいは経営者の生きざまを見てきた人物なのだ。「だから参考になるんです。彼からは経営にあたっての多くのヒントを教えていただきました」

上之郷氏はかつてロイターで記者をしており、その後、東京新聞を経て独立した人物であり、バレンタインの取材のため上之郷氏の方からメリーを訪ねてきたのが出会いだという。はじめは取材する側と受け手側という関係だったが、次第に親しくなり、交流を重ねる。今日では上之郷氏が設けた私的な集まり「上之郷教室」なるものの塾頭を原社長が務めるほど、親しいつき合いとなっている。そして、ついには上之郷氏をして「イトーヨーカ堂の伊藤さんは下着屋からあれだけの企業を興した。ダイエーの中内㓛氏も三坪の薬屋から流通業界を代表する企業をつくり上げた人物である。東京に人形のマークのメリーチョコレートカムパニーという会社があるが、そこの社長の原邦生という男には、彼らと同じ素質が十分に備わっている」と言わしめたというから、今や互いに認め合う存在であるのかも知れない。しかし、原社長にとって上之郷氏はいつまでもかけがえのない人生の〈師〉なのである。

三人目の師として原社長が挙げたのは、東京大学大学院経済学研究科教授の伊藤元重氏である。伊藤氏は行政改革委員会、規制緩和委員会、地方分権推進委員会、経済戦略会議などの委員を歴任している人物で、学者でありながら、政治の世界に近いところにいる人物だ。出会いは、国際経営協会のセミナーの中に伊藤氏の受け持つ講座があり、それを原社長が受講したのがきっかけだ。「さまざまな政治情勢、予測されるマーケットの変化など、今、そして将来を読む目には絶対的な信頼を置いています。個人的にも色々な相談に乗っていただき、大変貴重なアドバイスをいただいています」

四人目は日本アイ・ビー・エムの企業情報化推進プログラムを担当している阪上浩氏だ。原社長は阪上氏を〈ＩＢＭのスポークスマン〉と言う。情報投資の重要性を原社長に説いた人物だ。そして、五人目が日経ＢＰ社の主席編集委員・上村孝樹氏である。経済に明るく、ＩＢＭの阪上氏がＩＴの仕組みを語る人であるとすれば、上村氏は、それを活用した結果がどうなるのかということをグローバルな視点から語ってくれる人物であるという。

「聞く耳を持たなくなったら、その人物はもちろん、企業は衰退します」（原社長）という。創業者亡き後、この五人の〈生きた教科書〉を頼りに、今日まで歩んできたのである。

ともあれ、一九八六年（昭和六一年）、手探り状態ながらも、原邦生新社長による新体制がスタートする。

第二章　メリー　50年の軌跡

その③　未来へ　〜大森・船橋時代〜

二一世紀への指針を掲げる

一九八〇年代後半には社内の整備が一段と進む。一九八七年（昭和六二年）に営業部と生産部が本部制となった他、雇用形態の多様化に伴う人事政策の一環として契約社員制度を導入した。また、社内の若手一〇名が社長を中心に集い、メリーが二一世紀に向かい進むべき方向を話し合うプロジェクト、「メリー21」が発足している。

そして、メリー21が掲げた二一世紀への指針が「メリー21計画」である。政治、経済、文化、あるいは高齢化や少子化に象徴される人口構造の変化などから一〇年先まで見とおして仮説を立て、メリーが取組むべき長期的な計画を一三〇ほどの項目として掲げたものだ。その中にはのちに設立される「ブレインセンター」や、従業員の給与体系なども含まれていた。

メリー21が立案した計画の中で最初に具現化されたのは、メリー21発足の翌年、一九八八年（昭和六三年）に設立した「有限会社メリーエンタープライズ」である。メリーエンタープライズは、メリーズグループを構築するために、本社企画室からマーチャンダイジング（MD）部門とセールスプロモーション（SP）部門を独立させたもので、のちの一九九二年（平成四年）二月に「株式会社生活情報研究所」へと社名変更し、現在に至っている。

一九八九年（平成元年）七月には、創業者の夢を具現化したショップ「ポエム・ド・メリー目黒店」（延床面積約一八八平米）をオープンする。メリーにとって百貨店内のショップ以外では、渋谷の小さな店舗を除いて、初めての本格的な直営ショップである。ブティック形式のショップとカフェを併設したもので、シェフが目の前でつくるチョコレートや本格的なチョコレートドリンクが話題となった。その後、広島（一九九四年）と自由が丘（一九九七年）にもオープンし、これら三店舗の路面店を含め、現在ポエム・ド・メリーの看板を掲げたショップは三一店舗にまで増えている。

続く一九九〇年代にも、次々と新しい制度が導入されている。一九九一年（平成三年）四月には、平成元年の男女雇用機会均等法施行から段階的に進めていた男女の待遇格差の是正策の一環として「女子社員再雇用制度」を発足。その後、「育児休職制度」や「看護休職制度」、「失効年次休暇積立制度」の導入や、住宅手当の見直し、社員就業規則の見直しなど、次々に内部の梃入れを行う。

そして、バブル崩壊直後の一九九四年（平成六年）には船橋工場を増築するとともに情報流通センターを設立する。自己資金二〇億円、借入一四億円、しめて三四億円という過去最大の投資となった。借入分の返済計画について社長が役員に尋ねると「一〇年以上はかかります」という答えが返ってきたが、そこで社長は「ダメだ、五年で返済するんだ」と押し切る。

「一九八六年に、船橋工場を建てたとき、父がわたしに言った言葉と同じことを、今度はわたしが社員に向かって言っている。血は争えないものですね」（原社長）と笑う。

結局、社員が提示した一〇年でも、社長が主張した五年でもなく、三年三カ月で返済し終え、程なく念願の無借金経営を実現した。

ともあれ、このときに設立された情報流通センターと船橋新工場は、最新鋭の機器や設備を導入したメリーのマルチメディアの拠点として、物流業務全般の大幅な自動化と省力化を図るとともに、二一世紀の生産基地として機能していくことになる。

一九九五年（平成七年）九月には、原社長にとって一〇数年来の夢であった、人材育成と情報の共有化を目的としたアカデミックセンターが、本社本館二階に最新設備を備えたマルチメディアルーム「ブレインセンター」として具現化される。ここでは将来のメリーのブレインとなるべき人材の育成を目的としたカリキュラムが組まれ、社員が集う。その一つとして、二一世紀を担うリーダーの養成を目的に、中堅管理職者を対象にした「メリー経営塾」が開講している。また、一九九七年（平成九年）六月には技術者養成のために製品開発室が主催する「生産技術研究会」も開始。一九九九年（平成一一年）にはテレビ会議システムが導入され、全国の支店が結ばれることにより、講義や分科会などに活用され、情報をスムーズ且つスピーディに伝達することに役立っている。

この時期、商品面では、「クッキーコレクション」（一九九三年・翌年「メリーズクッキー」に名称変更）、「ガナッシュ・ミルク」（一九九四年）、「メリー生ゼリー」（一九九五年）、「香旬果」（一九九六年）、「果樹園倶楽部」「クリーミーデザート」「保存食チョコレート」「エスプリ・ド・メリー」（以上すべて一九九七年）、「贈れる生ケーキ」（一九九八年）、「メリーさんのひつじサブレ」「メリーさんの柿の種チョコレート」（一九九九年）を相次いで発売。特に、〈生〉感覚や〈できたて〉感が重視される時代性を反映した「デイリー」「ウィークリー」商品の開発が際立つ。

海外に対しては引き続き積極的な戦略で臨み、一九九一年（平成三年）九月に新羅銘菓と業務提携し、韓国のソウルに鐘閣（チョンガ）店、漢江（ハンガン）店の二店舗をオープンした。これを皮切りに、九〇年代は韓国と台湾に相次いでショップを出しており、二〇〇一年（平成一三年）六月現在までにオープンした数は韓国一二店舗、台湾一三店舗にものぼる。

そして、二〇〇〇年を迎える。

◇　　◇

世界が認めた味

二〇〇〇年（平成一二年）は、二月に東京国際フォーラムで開催されたチョコレートの祭典「第一回サロン・ド・ショコラ東京」に出展する機会を得て、原剛製品開発室長（社長の実弟）によるチョコレートの「枯山水」の展示を中心に、冷蔵ケースを四本と実演台、カウンターを設置してガナッシュチョコレート、生チョコレート、花チョコレートなど、職人技が光る作品の実演販売を行う。また、主催者の要望に応じて原昌允顧問（同）が制作したチョコレートの「ヴィーナス像」が会場入口に展示され、世界中のマスコミに大きく取り上げられた。

このときの成功が、会場を訪れていた本場フランス・パリのサロン・ド・ショコラの主催者や在日仏大使の目にとまり、パリ展への出展を熱望される。そして、この年の一〇月、社員の強い希望もあり、来る創業五〇周年の記念事業の一環として、パリの「サロン・ド・ショコラ」に、アジアのメーカーとして初めて参加することになる。

パリのサロンに派遣する社員の人選がいかにもメリーらしい。その方法とは、つまり

「自薦選抜方式」だ。

販売担当については、もちろん、販売力がしっかり備わっていることが最低条件であったが、何よりも、サロン出展の意義を踏まえているかということにポイントを置いたため、レポートを提出させ、その中で明確に自分を表現できた人物を選出した。また、技術者には、実際に作品をつくらせ審査した。派遣された社員は総勢一〇名にのぼった。

「惜しくも選考に漏れた社員の中には、せっかくの機会だから勉強のためにぜひ連れて行ってくれ、と自費参加したものもいたほどです。社員にとってはいい刺激になったと思います」

メリーのブースでは、サロン・ド・ショコラ東京で披露した、京都の石庭を模した二メートル四方のジオラマ「枯山水」や、一粒一粒チョコレートの表面に手作業で花のモチーフを描く「花チョコレート」の実演をはじめ、「抹茶チョコレート」や「柿の種チョコレート」など、和の素材を取り入れた商品を披露し、日本の職人の精緻な技術、繊細な感性をアピール。ブースには連日パリっ子たちが大勢詰め掛け、「トレビアン！」の声に包まれた。「メリーの作品は、技術面、品質面いずれにおいても世界で十分に通用する」ということを社員全員が実感でき、大きな自信につながったことは言うまでもない（第三章「バレンタインにみるチョコレートの効用」参照）。

「父は口癖のように、チョコレートを通じて文化に貢献したいといっていました。その一端をわたしの代で、こういう形で実現できたことを誇りに思います」
サロン・ド・ショコラ　パリの会場で原社長が述べた言葉である。創業者や先輩たちが描き、そして果たせなかった夢を着実に実現していった。

◇　◇

時代が変わっても変わらないもの

今年、二〇〇一年（平成一三年）一〇月にメリーは創業五〇周年を迎えた。

メリーでは、二〇〇〇年八月期の売上高に対する経常利益率で八・六％を計上、二〇〇一年のバレンタインでは返品率〇・一九％を実現している。この他、一カ月の在庫回転率六・一回転（バレンタイン、中元・歳暮などの繁忙期には二〇回転を超える）、障害者雇用率は法廷雇用率の一・六％を大幅に上回る三％、自己資金比率八一％等々――、数字をあげればきりがないほど、極めて優良且つ効率の良い経営を実現している企業なのだ。

東洋経済新聞が毎年発表する経常利益四、〇〇〇万円以上の上場企業を中心に調査した製菓製パン業における法人申告所得の推移によると、メリーは二〇〇一年度において一九位にランクされている。メリーよりも上位の企業で、ショップを直営することによる販売管理費を抱えている企業は伊勢の赤福以外になく、その赤福も主に単一品目を扱っているのであって、経費負担は、一六七品目をも抱えているメリーの比ではない。

メリーはショップを運営し、しかも一六七もの商品を扱いながら利益を上げているわけだ。置き換えられる部分はすべて先端機器に置き換えてきたことが、一般管理費をついに五％以内（四・九六％）に収めることに成功し、これだけの利益を生み出したと言えよう。しかし、このようにＩＴ機器による驚異の効率経営を実現する一方で、創業以来のメリーらしさを失ってはいない。そして、「品質第一主義を経とし、家族的経営を緯とする」企業理念を貫きとおしている。

◇　　　◇

夢は〈小さな会社〉です

バブル絶頂の時期には拡大戦略をあっさりやめる。目指すは〈小さくても強い企業〉。現にメリーの売上げは、バブルがはじけたころが二〇一億円であったから、それ以来ほとんど伸びていない。が、原社長は言う。

「売上げを上げることはもちろん可能でしょうが、利益をきちんと上げられなければ意味がありません。売上至上主義で利が薄く、利益を分配できないようでは、良い企業、強い企業、魅力ある企業にはなれません。拡大戦略には必ずどこかに無理やシワ寄せがくるものです。メリーは大きい会社ではなく、小さくて魅力ある企業を目指します。そして、それが夢です」

利益に対しては、本当にシビアで真剣勝負だ。老舗の類に入る某企業の社長が、ある時「そんなに利益を上げていったいどうするのか?」と原社長に尋ねたという。もちろん、私腹を肥やすためではなく、利益を社員に還元するためである。こういう考えを持っていれば、老舗社長のような愚問が出るわけがない。

「企業とはみんなで運営しているものです。そして、経営者はそこに働く社員だけでなく、その家族、そして取引先企業の社員の生活の基盤をも支えなければならない。そういう責任があるわけです。だから利益を上げなければいけない。そのためにどうしたらいいか。その答えがＩＴ活用だったのです」

そして、利益を生むことでメリーが実践しているのが〈利益の四分割〉だ。顧客に対しては味を追求し値上げをせず低価格で、社員には社内設備や給与で、取引先には現金決済で、得意先には入値率で利益を還元している。

メリーでは売上げはほとんど伸びていないが、その間経常利益は三期連続増を達成している。今期はついに経常利益率一〇％を達成しそうだ。

創業者は亡くなる三カ月ほど前に、原社長（当時専務）に次のような言葉を遺したという。

「売上げに対して経常利益が五％しか取れない年が二年続いたら社長の座を降りろ。七％取れたら三年続けろ。一〇％取れたらしばらく続けろ」

基本に忠実でありさえすれば、原社長の続投は間違いないであろう。

◇　◇

未来に向けて――

次の一〇年に向けた指針は既に一九九四年（平成六年）に「メリースーパーハイウェイ二〇一〇計画」という形で出されている。これは、政府が来たる高度情報網社会を見据えた戦略として打ち出している「情報ハイウェイ構想」の目標年である二〇一〇年に照準を合わせたもので、その計画の一環として、将来のメリーを背負うことになるであろう幹部社員の育成を目的とした「メリー経営塾」が前述の通り既に発足している。今後、二〇〇三年（平成一五年）には新たな生産拠点を築く計画もあり、攻めの姿勢を忘れない。

「今後、二一世紀を『勝ち組』として生き抜いていくためには、まだまだＩＴ投資も必要でしょうし、商品の開発にしてもサービスにしても、見直しの連続でしょう。やはり、商いの基本は仮説、検証を繰り返す地道な作業の積み重ねです。これからも地道に、しかし、ひるまずに常に新しいことに挑戦していきたい」

そういう原社長に五〇年後のメリー像を尋ねてみた。

「五〇年後のメリー？　そうですね、〈想いを贈る企業〉であると同時に〈魅力ある企業〉を目指します。魅力ある企業とは、お客さまにとってはもちろんのこと、得意先、取引先、社員と、メリーと接点を持つすべての人にとって魅力がなければなりません。現在も、そして今後もその方針は変わりません。夢は小さな会社です。小さいが、利益のきちんと出る会社。それこそが本当に強く、魅力ある企業なのではないでしょうか」

そして、社長自身の夢はというと、欧米へ再度進出することと語る。サロン・ド・ショコラ　パリで「おいしいものには国境はない」という確信を得たのも、海外への夢を再び燃え上がらせた。

実は、かつてアメリカのビバリーヒルズに路面店を出す計画が進行していたという。不動産との契約を済ませ、あとは内装を整えるだけになっていたのだが、その直後に、実兄で初代専務の原晃氏が病に倒れたため断念したのだ。ちなみに出店が予定されていたのは、今日イヴ・サンローランがブティックを構えている場所だ。

「何年かかっても、きっとアメリカにショップを出してみせます」、そう原社長は力強く語った。

メリーの挑戦はまだまだ続く――。

第三章　バレンタインにみるチョコレートの効用

恋も、バレンタインも小さな誤解からはじまる？

日本におけるバレンタインは、小さな誤解からはじまった。

当時二二歳の学生で、メリーでアルバイトをしていた現社長・原邦生のもとに、商社に勤める大学の先輩が、赴任先のパリから一枚のはがきを送ってきた。

「こちら（パリ）にはチョコレートや花、カードなどを贈り合う〈バレンタイン〉という習慣があります」

このたった二行の文面からヒントを得て、一九五八年（昭和三三年）に伊勢丹新宿本店で行ったのが、日本における最初のバレンタインフェアである。

花やカードと併記してあったにもかかわらず、「何故かチョコレートを中心に贈るものと勘違いしまして」と笑う。教師を目指し、家業を継ぐ気など全くなかったと語る社長だが、いつもメリーを、そしてチョコレートのことを気にかけていたのだろう。

今日では、一説には一、三五〇億円市場ともいわれるほどのビッグイベントに成長したバレンタインであるが、最初のフェアで売れたのは、三日間で一枚五〇円のチョコレートがたった三枚だけ。売上げはカード代を含めても、しめて一七〇円という惨憺たる結果だった。

当時はまだ〈男尊女卑〉的な思想が根強かったため、「女性が年に一度、男性に愛を告白できる日」というメッセージは、センセーショナルであったと同時に、反感を覚えた人も多かったようだ。

それでも翌年も、翌々年もフェアを続けた。そのうちに、当時創刊ラッシュだった女性週刊誌などで大きく取り上げられるようになり、大手のチョコレートメーカーも参入し始め、次第に広く認知されるようになっていった。しかし、すべてが順調であったわけではない。さまざまな障害もあった。あるときは、〈正月の子供の小遣いをむさぼり取る悪徳商法〉と叩かれ、またあるときは、安価で質の悪い粗悪なチョコレートが出回り、メリーが目指す〈本物のチョコレート〉が苦汁をなめたことも。しかし、チョコレートに〈想い〉を込め、胸ときめかせた想い出や、疲れているときに口にしてホッとした経験の一つや二つは誰にでもある。また、想いを言葉で伝えることが苦手で贈答を好む日本人気質ともマッチして、バレンタインデーは確実に消費者の心を捉えていく。いつしかクリスマスと並ぶ一大イベントにまで拡大していった。

本来の「愛を告白する」という神聖なイメージが次第に薄れていったことは否めない

が、その時代に合わせて形を変えながらも、「周囲の人たちへ日頃の感謝の気持ちを贈る日」として、今日もなお続いている。このことはバレンタインが単なる一過性の〈お祭り騒ぎ〉ではなく、〈日本の一つの文化〉として確実に根づいた証といえよう。

創業者が語っていたとおり、菓子はまさに〈平和産業〉に違いない。

◇　◇

時代とともに愛の表現も変わる

ここで、バレンタイン市場の変遷を辿ってみたい。

伊勢丹新宿本店での最初のバレンタインフェアを開催した直後の一九六〇年代（昭和三五〜四四年）は、まさにバレンタインの導入期であり、当初の意味合いである「女性が好きな男性に愛を告白する日」という認識が強く、チョコレートはそっと手渡すものだった。メリーではこの時期を〈初恋バレンタイン〉と位置づけている。

一九七〇年代（昭和四五〜五四年）に入ると、大手菓子メーカーが参入し、ブームに火がつく。バレンタイン市場の第一次成長期と捉えることができよう。この時期のチョコレートは「恋人同士の証」として、恋人に贈ることが定番となる。〈恋人バレンタイン〉時代だ。

続く一九八〇年代（昭和五五〜六四年・平成元年）は、菓子業界のみならず、あらゆる業種がバレンタイン市場に参入してくる。そして、チョコレートを贈る相手は恋人から周囲の男性諸氏へと大きく拡大する。いわゆる〈義理チョコ〉の出現だ。チョコレートの企画も、美しいもの、おいしいものから、遊び心が反映されたパロディ商品が目立つようになる。「楽しくなければバレンタインじゃない」「恋人がいなくても参加する」、〈お祭りバレンタイン〉が到来した。この時期をバレンタイン市場の第二次成長期と位置づけることができるが、メリーにとって、このバレンタインチョコレートの氾濫は必ずしも嬉しいことではなかった。それどころか、むしろ心を痛めていたといえる。

「あらゆる業種が参入し、チョコレートメーカーにおいても奇を衒う企画が増え、品質よりも目立つことが重視されるようになりました。これでは、純粋にチョコレートに想いを乗せて贈りたいと考えている人や、チョコレートの味そのものを楽しもうとしている人の妨げになってしまう。ひいては、チョコレートとはその程度のものだ、と思われてしまうことを恐れました」（原社長）

そのような危機感から、バレンタインを広めた立役者であるにも拘らず、「バレンタインにチョコレートが売れない方がいい」と発言して物議をかもしたこともあった。が、やはり祭りは祭りでしかなかったのだろう。原社長が懸念していたようなことはなく、浮かれ気分は次第に薄れ、消費者の〈本物志向〉〈グルメ志向〉が強まり、市場は陶汰されていく。一九九〇年代だ。

一九九〇年代（平成二〜一一年）はバレンタイン市場にとって成熟期であったといえる。チョコレートの意味も、日頃のお礼や友情、感謝の気持ちを込めて贈るものという認識に変わっていく。メリーではこの時期を〈ふれあいバレンタイン〉と位置づけている。そして、そうした気持ちにふさわしいチョコレートとして、ハンドメイドチョコレートに代表されるような高級チョコレートの時代が到来する。まさにメリーが創業以来こだわり続け、信じ続けた時代だ。生チョコレートブームもこの流れの中から生まれた。

そして、二一世紀に突入する。メリーでは二一世紀のバレンタインを再生期と捉え、もう一度バレンタインの本来の意味を見直すとともに、新たな価値観を構築する時期と位置づけている。「今後のバレンタインは、二一世紀を生きる女性たちの自己主張の場となり、味のみならず、パッケージに至るまで、贈り手のセンスが光るような商品を求めるようになるでしょう」（原社長）。本物だけが生き残る時代の到来だ。

そして、チョコレートメーカーのリーディングカンパニーであるメリーに課せられたテーマは、「日本のチョコレートメーカー全体のレベルアップ」である。

◇　　◇

バレンタイン市場の変遷(1960〜2000年代)

年代	バレンタイン市場全体の傾向	メリーズバレンタインの変遷
一九六〇年代(導入期)	**初恋バレンタイン** 女性が好きな男性に愛を告白する日という認識で、チョコは頬染めてそっと手渡すといった時代	・ハートチョコに相手と贈り手の名前を入れるサインチョコを販売 ・百貨店で初めて手づくりチョコの製造実演を実施
一九七〇年代(成長前期)	**恋人バレンタイン** 大手菓子メーカーがバレンタイン市場に参入しブームに火がつく。恋人同士の証としてのチョコ市場が拡大	・ファミリーバレンタインを提唱 ・手づくりチョコを気軽に味わえるパック包装チョコを発売 ・材料を厳選吟味した最高級手づくりチョコ「ポエム・ド・メリー」発売 ・手づくりチョコ教室開講 ・高級チョコ時代の到来を予測
一九八〇年代(成長後期)	**お祭りバレンタイン** 他業種の参入が目立つ。チョコを贈る相手が恋人から周囲の男性諸氏へと拡がり、義理チョコが出現	・生チョコ、生ケーキを開発 ・チョコの手づくりを提案 ・バレンタイン商品の完全包装納品を徹底
一九九〇年代(成熟期)	**ふれあいバレンタイン** 本物志向、グルメ時代の到来で生チョコがブームに。チョコにお礼や感謝の気持ちを込めて贈る傾向に	・付加価値のついたラッピング商品を初めて販売 ・国産メーカーとしての利を活かしてつくりたてのチョコを提案
二〇〇〇年代(再生期)	**自己主張バレンタイン** 自己主張の場として、贈り手のセンスや感性を伝えるパッケージが要求されるようになる	・和素材を用い、職人の手先の器用さを活かした商品を前面に展開 ・手付袋、ギフトボックスまで統一したデザインのギフトを提案

世界水準を目指して

世界のチョコレートと日本のチョコレートとの間に大きな隔りがあることをご存知だろうか。チョコレート業界に従事するものならば知らないものはいないだろうが、一般的にはあまり馴染みのない話であるかも知れない。〈チョコレートの定義〉の違いのことだ。

ＥＣ諸国では、イギリスを筆頭に、デンマーク、スウェーデンなどが〈五％までならばカカオバター以外の代用油脂を使用しても良い〉と主張するのに対し、ベルギー、フランスなどは〈純粋なカカオバターでなければならない〉、つまり、カカオバター一〇〇％でなければチョコレートとは認めないと主張して、何十年も大論争が繰り広げられた。〈終わりなきチョコレート戦争〉である。結局、カカオバター一〇〇％のものを〈純粋チョコレート〉、代用油脂を使用したものを〈加工チョコレート〉と表示することで落ち着いたが、いずれにせよ、ＥＣ諸国では、代用油脂を使用していたとしても、その含有量はせいぜい五％という範囲内にとどまっており、五％以上の代用油脂を含むものは、〈チョコレート色をした菓子〉に過ぎない。ところが、驚くのは日本である。

日本では、カカオバターを一八％以上含んでいれば、あとは代用油脂でも〈チョコレート〉と表示して構わないということになっている。つまり、多くの日本のチョコレートはカカオバターよりも代用油脂の含有量の方が多く、ヨーロッパ諸国から見れば、ほとんどがチョコレートと認められるものではない。〈チョコレート色をしたニセモノ〉ということになる。

「こどものころから食べ馴れているため、なかなかその問題点に気づかないのです。改善する動きもありません」と、原社長は頭を抱えている。

メリーのチョコレートは、第二章「メリー　五〇年の軌跡」でも述べたように、品質第一主義を企業理念に掲げるだけあって、純良素材を使用したカカオバターを一〇〇％使用して、世界的にも最高水準のチョコレートをつくり続けている。そのこだわりぶりは、原料のミルクをアイルランドから取り寄せ、チョコレートビーンズを銘柄指定して商社から買いつけているほどだ。

パリのサロン・ド・ショコラへ出展した際も、技、味、見た目の美しさに加え、品質でもヨーロッパのチョコレートにまったく引けをとらなかった。むしろ、その繊細な技術に、本場のパティシエたちもブースに駆けつけ、メリーの技術者が目の前で生み出すチョコレートの〈芸術品〉に見入っていたほどのレベルを誇る。

が、原社長はいう。

「メリーだけが世界水準に達しているのでは意味がないのです。日本のチョコレートが

パリで開催された「サロン・ド・ショコラ」に出展した際のメリーのブース。連日大勢のパリっ子が詰めかけた

もっとも注目を集めたのがチョコレートでつくった２ｍ四方の「枯山水」。和の魅力を存分に発揮

アジアから初の出展社としてスピーチする原邦生社長

すべて世界水準を満たし、〈メイド・イン・ジャパン〉が本物であるということを認識されなければなりません。そして、それを推進することが、チョコレートメーカーのリーディングカンパニーとしてのメリーの役割だと思っています」

確かに難しさはある。というのは、原産国から輸出されるチョコレートビーンズの八〇%を、チョコレート消費量の多いEC諸国が先に抑えてしまうからだ。極言すれば、残りものしかアジアには回ってきていないということも考えられるわけだ。当然、残りものでは、本当の意味で原料を吟味することにはならない。

「やはり、チョコレートの命は味です。そして、おいしいものをつくるには良質の原料が不可欠です。耐久消費財ならば、しばらく使ってみないとその善し悪しを判断することはできませんが、食べものは口に入れた瞬間においしいかまずいか判断されてしまう。一発勝負なんです。一度口に入れてまずいと感じたものは二度と口にしてくれませんから」

それゆえに、メリーでは原料の吟味に労力を惜しまない。そして、商売の成立を判断する時期を、購入時ではなく、購入した顧客が再び来店したときに設定している。平和産業を担う企業としては、やはり、味・見た目に加え、品質の良さの三位一体が揃っていなければならないと主張する。

「これまでは、あまり原料のことはうたってこなかったのですが、昨年一〇月より〈カカオバター一〇〇％使用〉の表示を開始しました。少しでも他メーカーへの啓発となればという思いからです」

◇　　◇

バレンタインは味を知っていただく日

「メリーではバレンタインを、〈チョコレートを売る日〉ではなく、〈メリーの味を知っていただく日〉と位置づけています」

メリーでは一貫して贈りものと呼ぶにふさわしい高品質なチョコレートをつくり続けることで、他社との差別化を図り、高級チョコレート・洋菓子メーカーとしてのブランドイメージを確立してきた。

「商品は音楽と同じです。美しく奏でられたすばらしい音楽が人の心を魅了し、必ずアンコールが沸き起こるように、本当においしいものをつくり続ければ、お客さまは必ずもう一度食べたいと繰り返し買い求めてくれるはず」

これは、創業者が生涯、口癖のように繰り返し語り続けた言葉だ。

社長もまた、こう言う。

「商品が売れたからといって、それで商売が成り立ったと思ってはなりません。お客さまが商品を購入し家に持って帰り、口にしておいしいと思い、また買いに来てくださってはじめて商売が成り立ったことになるのです」

「想いを贈る」企業として、アンコールの声が聞こえる商品を提供し続ける――それが、メリーである。

ヨーロッパでは、コーヒーを注文すると一口チョコレートがついてくるというように、チョコレートが生活に根づいている。日本にはそのような習慣はないが、現在、日本のチョコレート市場は約四、〇〇〇億円市場とも言われ、決して小さい数字ではない。それでも、チョコレートがヨーロッパほど生活に根づいていないということを逆手にとれば、今後、仕掛け次第ではまだまだ拡大の余地がある市場と言えるのではないか。バレンタインにチョコレートを贈ることが今では当たり前となったように、近い将来、コーヒーにはチョコレートという光景が日本においても当たり前となるかも知れない。

「まだまだ日本のチョコレート文化は発展途上ですよ。だから、やりがいもあるというものです。バレンタインを仕掛けたように、何かを新しく喚起するような行動を起こしたい。メリーが得意とするところです」

サロン・ド・ショコラ　パリの会場で、早くも次の目標に目を輝かせていた原社長の姿が強く印象に残っている。

◇　◇

〈目敏さ〉がヒット商品を生む

最初のバレンタインフェアを開催してから四〇年以上が経過した。今日もなお、メリーはバレンタイン市場において、トップを走り続けている。しかしながら、それは最初にバレンタインを仕掛けた企業であるからではない。

メリーがトップを走り続けられていることには、確固たる理由がある。それは、厳選された素材や優れた技術を保持し続けてきた反面、常に変化を恐れず、その時代の顧客の嗜好を的確に捉え、商品に反映することができているからに他ならない。そして、それを可能にしているのが、日々収集され、更新される店頭の生のデータ「ＭＡＰＳ」に代表される、ＩＴ活用による顧客分析であることは言うまでもない。

手探り状態だった最初のバレンタインフェアこそ失敗に終わったが、二年目にはハート型のチョコレートの表面に「ｔｏ」と「ｆｒｏｍ」の文字を入れ、売場で贈り主と相手の名前を鉄筆で彫る「YOU & ME」を、三年目には、「I love you」など五種類の愛のメッセージを書き込んだチョコレート「ラブ・ワーズ」を企画し、それぞれ大好評を博した。その後も、星座占いつきの「生まれ星チョコレート」(一九七四年)、ポラロイドとのタイアップにより、店頭で写真を撮ってチョコレートに添えて贈る「愛のメモリー」(一九七八年)、麻雀の上がり〈国士無双〉を型どった「オーロンパイチョコレート」(一九八〇年)等々――。豊富なアイデアで話題を呼び、数々のヒット商品を世に送り出してきた。今年(二〇〇一年)のバレンタインでは、ギフトボックスから手付袋まで、統一デザインを採用した「オーバーチュア」シリーズを打ち出し話題をさらったことが記憶に新しい。

こうしたアイデアはどこから生まれてくるのだろうか。

「いたるところですよ」と原社長はあっさり述べる。

あるときには、夜道ですれ違った酔っ払いが蹴飛ばした空き缶のデザインが何ともいえず良かったため、拾って持ち帰り、参考にするようにと企画スタッフに渡したこともあった。また、あるときは、駅のホームで電車を待っていて、ふと線路に目線を落とすと、実にいい色使いの包装紙が落ちていたため、駅員に無理を言って拾ってもらったこともあった。

「来社されたお客さまのネクタイの柄が気に入り、後日、その方にネクタイを貸していただいたこともありました」

何も考えずにいたら、それらは単なる空き缶であり、包装紙であり、ネクタイのままであっただろう。しかし、常に何かないかとアンテナを張り巡らせていれば、それらは新企画のヒントになるのである。

「こどものころずっと貧しかったからこそ、あらゆることに対して人よりも目敏く、貪欲なのかも知れません」と笑う。

目敏さ、貪欲さこそが、明日につながる情報源なのかも知れない。

◇　　　◇

現在、日本におけるチョコレートの年間小売市場は約四、〇〇〇億円に上るが、そのうち約二〇%をバレンタイン関連商品が占める。そして、一七〇円から始まったメリーのバレンタインの売上げも、二〇〇一年（平成一三年）には五五億円まで成長した。

日本の文化として根づく

バレンタインも今日では三世代にわたる文化となっている。

メリーでは、初のバレンタインフェアから三五年経った一九九四年（平成六年）から四年間にわたり「バレンタインエピソード」の一般公募を行った。一粒のチョコレートがきっかけで幸せをつかんだ人や、人生が変わった人、甘酸っぱい想い出、ほろ苦い想い出等々、数々のエピソードが寄せられた。初年度六七〇通だった応募数も、二年目には一、四六〇通、三年目には二、四一七通、更に四年目には二、八五二通と、年々増え続けた。そして、一九九八年（平成一〇年）に「バレンタイン川柳」へと形を変え、今日まで継続されている。

二〇〇一年（平成一三年）一月に応募された川柳は三万二、〇〇〇通にも上り、下は一〇代から上は八〇代までと実に幅広い年齢層から、バレンタインに関するさまざまな想いが寄せられた。

「はい、あげる！　気持ち押えて　義理の振り」（神倉ようこさん・一二歳）
「逢いたいよ　チョコはメールじゃ　送れない」（花野千里さん・三二歳）

「はじまりは　義理チョコだった　父と母」（山南信章さん・四七歳）
「ダメモトの　チョコがゆっくり　きいてきた」（三明恭子さん・五九歳）
「親にまだ　明かさぬ人に　つくるチョコ」（松木昭造さん・七一歳）
（以上、二〇〇一年応募作品より抜粋）

川柳に乗せると、西洋から伝わったバレンタインも、古くからある日本の伝統的な文化のように思えてくるから不思議だ。今や、日本における国民的行事であり、創業者が常に口にしていた「チョコレートを通じて文化に貢献したい」ということを具現化できているのではないだろうか。

◇　　◇

チョコレートの効用

二〇〇一年春に日本でも放映された「ショコラ」（監督ラッセ・ハルストレム／出演ジュリエット・ビノシュ、ジョニー・デップ他）という映画をご存知だろうか。チョコレートの本場フランスの小さな村を舞台に、その村にやってきた母娘が、チョコレート店を開き、チョコレートによって村の人々の心を開き幸せにしていくというストーリーである。チョコレートの不思議な力によって人生を楽しむことに目覚めた村人たちの姿を見て、チョコレートのように甘く、幸せな気持ちになった人も多いだろう。

昨今、チョコレートに含まれる「ポリフェノール」が身体に良いということで、その効用が話題となったが、実はそれだけでなく、チョコレートには本当に人を幸せな気分にしてくれる働きがあるということはあまり知られていない。

恋愛がうまく行っていると人間の脳には、気持ちを憂鬱にする物質の発生を抑える「フェニルエチラミン」という物質が分泌されて、〈躁〉状態になる。このフェニルエチラミンがチョコレートには豊富に含まれているという。つまり、チョコレートは恋愛に対して化学、生理学的観点からも裏づけされた効果があるらしい。

しかし、やはり何よりも、チョコレートを口にした瞬間に広がる甘さ、なめらかな口解け、チョコレートを贈る側ともらう側との心が通い合う瞬間こそが、最もチョコレートが効力を発揮するときと言えよう。

どうやら、チョコレートの効用は、〈おいしい〉〈身体にいい〉だけではなさそうだ。

第四章　ＩＴ武装による〈強い会社〉の確立

小さな会社であるからITが必要なのです

〈七七億円〉——。メリーが過去一四年間に行ったIT（情報技術）関連設備への投資額である。上代ベースで年商二〇〇億円という企業規模から見ても、またその間のIT以外への設備投資が七二億円であることからも、メリーがいかにITを重要視しているかが容易に想像できよう。数々のIT投資の中でも最大規模となった船橋新工場並びに情報流通センターの増築（総投資額三四億円）が、バブルが崩壊した直後の一九九四年（平成六年）であったというからなおさらである。どの企業も投資を恐れ、むしろ削減していた時期だ。

数字だけを見ると、会社規模に対して随分無理な投資をしているかのようにも思われるが、この厳しい景況下で、三期連続増益を達成、しかも二〇〇〇年（平成一二年）八月期の経常利益率は八・六％と極めて高い水準を確保していることから考えると、投資がすべて成果に結びついていると言えよう。バブル期に躍らされ、身の丈に合わない無理な過剰投資をして、結果自らの首を締めてしまった企業とはまったく異なり、これこそ〈投資の勝利者〉であろう。

高度情報網時代に突入した二一世紀においては、経営の三大要素といわれる「ヒト」

「モノ」「カネ」に加えて「情報」が欠かせない。インターネットなどが普及し、以前とは比べものにならないほど大量の情報が容易く誰の手にも入るようになった。が、忘れてならないのは、情報とは得るだけでは意味がなく、分析し、活用しなければ「宝の持ち腐れ」になってしまうということだ。

メリーではＩＴ活用による驚異的な利益と効率経営を実現しているが、その根底にあるのは、「お客さまの求める商品を、より良い品質と価格で提供できるようにするため」という信念に他ならず、ＩＴはそのためのツールに過ぎない。顧客満足を実現するために、あらゆる情報をリアルタイムに収集、分析する結果、利益がもたらされているのだ。「利益の次に顧客満足があると考えるのは本末転倒」と原社長は言う。

さて、メリーにとってＩＴとは何であろう。

「メリーでは、ＩＴを情報開示のツールとして捉えています」（原社長）。そして、企業と社員の関係を患者と病院に例えてこう説明する。

「患者の健康状態を医師一人だけが知っていても意味がないでしょう。看護婦から検査技師まで医療に携わるすべての関係者が知っていなければ治療はできません。それと同じで、会社の健康状態を社員全員が知っていなければ、企業の拡大はおろか、営業も、企画立案も、販売も、何もできません」

ゆえに、情報は開示し、共有化することがたいせつであると力説する。

メリーが実践している情報の開示は、社内にとどまらず、一九九九年（平成一一年）のバレンタインには得意先にも、地域別、店舗別の必要なデータを惜しみなく提供している。メリーは上場企業ではないが、上場企業以上に内部情報の開示が進んでいる企業であると言えよう。

「開示していないのは商品企画の情報だけです。それ以外はすべてお見せできます」と原社長は断言する。

これだけ情報をオープンにし、手の内を明かしてしまうのは、競争上不利になるのではないか、と疑問視する声も多い。が、あっさり否定する。原社長曰く、情報をオープンにすることによるメリットとして大きく三つのポイントがあると言う。

まず、第一に、すべての情報を全社員が同じ条件で見ることができるようにする。そうすることによって中間管理職というものが不要になるわけだ。中間管理職が不要になれば、その分の人件費という最大の固定費を削減できる。第二に、主要な取引先と完全にネットワークを結びメリーの情報を開示する。すると、例えば資材メーカーであれば、「これまではファクシミリで月に二回ぐらいしか注文をしなかったので、彼らは見込みで資材を製造していたわけです。そのためどうしても在庫を抱えることになっていた。しかし、ネットワーク化され、メリーが○月○日の○時ごろに○○商品が○個必要である、といった情報がリアルタイムで伝わるようになれば、取引先はその情報に応じて納める分だけ製造すればいい。無駄が省けるというわけです」（原社長）。

ある資材メーカーでは、「これまで見込みで製造していたために、一年間で一、八〇〇万円分の資材を無駄に廃棄していたが、ネットワーク化によって廃棄量はほぼゼロになった。結果的にメリーへの仕入れ値も改善され、五～六％のコスト削減につながったという。

三番目は、ＩＴによる店頭の顧客属性の収集と分析によって、よりヒット率の高い商品の供給が可能になるということだ。そして、これこそがもっともメリーが重要視している基幹情報である。

以上のメリット、また、それに伴う経費の削減から考えると、ＩＴ投資の七七億円、月のリース代四、七五〇万円という金額は決して高くないという。

◇　◇

ＩＴとの出会いから導入まで

メリーとＩＴの最初の出会いは一九六九年（昭和四四年）までさかのぼる。アメリカに行って勉強してこいと創業者にいわれ、当時営業部長だった原社長がニューヨークにある一流百貨店、メーシーズを訪れ、四〇日間ほど滞在したときのことだ。

「見たこともない機械があって、ボタンをたたくとベルトコンベヤーが動き出し、それに乗って商品が流れてくる。こんな国と日本が戦争でもしたら大変だ！と思ってしまいました。そのぐらい日本とアメリカの技術レベルの隔たりを感じずにはいられませんでした。そして、これからは経営にヒト、モノ、カネだけではなく、〈情報〉を加えなければならないと痛感したのです」

帰国後、創業者に一部始終を報告する。創業者は〈情報〉の重要性を非常に良く理解してくれたという。そして、二年後の一九七一年（昭和四六年）には早くもコンピュータを導入している。三菱電機の初期のコンピュータ「メルコム」だ。主に売場の在庫管理に活用した。その翌年には、コンピュータによる販売管理（主に伝票発行）を開始し、得意先への納品伝票を手書きから連続伝票で発行するようになる。続いて一九七五年（昭和五〇年）には「販売日報制度」を開始する。これは、各売場の販売員が、商品の動向や顧客の要望などを本社に報告するというもので、のちにメリーズ・ポイント・オブ・セールス・システム、通称ＭＡＰＳ（マップス）として大きな飛躍を遂げる。

一九七八年（昭和五三年）には、工場の新体制が整い、大幅に機械化が進む。そして、本格的にコンピュータが業務の中で活用されていくのは一九八二年（昭和五七年）以降だ。この年、本社のメインコンピュータと各売場の端末機とがつながり、手書きだった売場からの発注・売上げ報告、店卸報告などがオンラインで行えるようになる。一二〇品目の発注が約二〇秒で送信できるとあって、従来の電話による発注と比較して、大幅なスピードアップが図られた。また、出庫管理から請求書発行、在庫管理などに至るまでが集中管理されることになり、業務の効率化に役立った。一九八六年（昭和六一年）一〇月には、京葉食品コンビナートの一角に船橋工場（延床面積四、四七〇平米）が完成している。そして、バブル崩壊直後の一九九四年（平成六年）には、三四億円を投資し、船橋新工場と情報流通センターが隣接地に完成。以降、メリーのマルチメディアと生産の拠点として機能していくことになる。

◇　◇

緻密な顧客情報の集大成

メリーのＩＴの核といわれるのがＭＡＰＳである。メリーが独自開発したＰＯＳ（販売時点管理）のことだ。かつては、売場のケースに紙を貼り、男性客が購入した場合は黒の鉛筆で、女性客が購入した場合は赤鉛筆で『正』の字を書き、同時に若者か年輩かをすべて手書きで記録していた。当時はこれだけでも立派な顧客情報と言えたが、時代とともに変化し、多様化するニーズに的確に対応していくためには、さらに詳細な顧客情報が必要になってくる。そこで、この「正」の字データを進化させていったのがＭＡＰＳである。

ＭＡＰＳには、顧客が購入した日時から、何を購入したのか、男性か女性か、年齢は何歳ぐらいであるかという定量データとともに、どういう目的で購入したのかという定性データまでが含まれている。購入の目的は、のし紙をつける場合は分かるが、それ以外の場合は捉えにくい。それを、失礼のない程度に顧客とのさりげない会話の中で探っていくようにしている。例えば、リボンをつけて欲しいという顧客に対して、単に「何色になさいますか」と聞くのではなく、「どういうお使い方をされますか」といった具合だ。すると「孫の誕生日祝いに持って行く」とか「友人が入院しているのでお見舞いとして」などといった情報が得られるわけだ。

そこで得たデータを、接客をしながら片手で持てる小型情報端末にさりげなく入力する。そしてこれらの数字と文字によって入力した「生データ」をＰＨＳ回線で直ちに本社に送信する。送信された情報は、その日のうちに本社で集約され、蓄積される仕組みになっており、翌朝の九時三〇分には全店の「生データ」を社員はどこからでも、もちろん自宅からでもアクセスして見ることができるという。営業担当者は週に一度本社に出向けばこと足りる。

「店頭は顧客情報が溢れています。それを利用しない手はないでしょう」（原社長）。そして、これをみすみす見逃してしまっているのが小売業の問題点であるとも指摘する。

現在、ＭＡＰＳの端末を置いているのは、メリーの総売上高の約六五％をカバーする北海道から九州までの全国主要店舗、約二〇〇店舗。「北海道から九州の主要店舗ですので、これは日本列島のすべての地域の情報を網羅しているといえるでしょう」。そして、ここで得たデータは、商品開発にはもちろん、生産計画、販売戦略、そして各店頭の陳列方法にも役立てている。

「東京のある百貨店の店長に、『うちの顧客層の五〇％が二〇～三〇代の女性です』と説明されたことがあります。しかし、うちのＰＯＳデータで分析したところ、実際は二〇％程度で、大半が四〇～五〇代の女性でした。また、別の百貨店では『うちでは男性のお客さまは一〇％未満です』といっていたのですが、実際には三〇％近くを占めていたこともありました。つまり、裏づけのない情報を鵜呑みにしてしまえば、見当違いの商品を展開してしまう危険性があります。結果は火を見るよりも明らかです」

また、ホワイトデーを例に上げて、勘や経験だけに頼る商いの危険性をこう述べている。「ホワイトデーというと、バレンタインデーのお返しだから、買うのは男性だと思われがちですが、実際、顧客データを見てみると圧倒的に女性が多かった。夫や息子のもらったチョコレートのお返しを妻や母が代理買いしているケースが多いということです。ある店舗ではホワイトデーの購入者の七割が女性でした。つまり、固定概念だけで判断し、ホワイトデーは男性が買うと思い込み、男性が好みそうな商品を並べてしまった結果まったく売れない、ということになりかねません」

いかに既存の概念や、習慣というものが視野を狭めているかを端的に表している例であろう。だからメリーでは、独自にデータを収集し、正確に裏づけを取り、品揃えや商品開発に役立てている。そして、この緻密なデータ分析によって、五五億円売上げた二〇〇一年（平成一三年）のバレンタインにおいて、返品率〇・一九％という驚くべき成果を上げている。顧客分析の精度がいかに高いかがうかがえる。

ＭＡＰＳのデータとリンクしたシミュレーションシステムも独自に構築している。これは、パソコンの画面上で商品の陳列を変えてみると、例えば、ハロウィンのクッキーの隣りに定番のチョコレートを陳列したらチョコレートの売上げが二％落ちたとか、ある店舗でキャンディを中心に陳列したところ、二〇代の女性による売上げが五％伸びたというような過去のデータに基づいて、陳列別の売上げ予測が算出されるというものだ。このシステムを利用し、一番良い陳列方法を見出し、それに従って陳列方法を変えたことによって売上げが四〇％も伸びた店舗もあるという。

こう並べたら売上げはこうなるという〈仮説〉と、実際に陳列してみて売上げがどう変化したかを〈検証〉する。この仮説と検証を定期的に繰り返すことでより市場にマッチした精度の高い提案ができるというわけだ。これがメリーの〈仮説検証型経営〉である。

現時点では、社内ネットワークに接続したパソコンでしか、このシミュレーションは行えないが、将来的には店舗で利用できるようにする計画だ。そうなれば、陳列の修正をその場で販売員が行えるわけだから、さらなる業務の迅速化が可能となる。

もっとも特筆すべきは、ＭＡＰＳしかり、このシミュレーションシステムしかり、いずれもすべて自社で構築しているということだ。

「〈メリーの経営〉を自動車に例えると、ハンドルはトヨタから、エンジンは日産から、ギアはマツダから、ボディは――というように、部品毎に、それを一番得意とするところから持って来て組み合せ、メリー流の自動車に仕上げているのです。それぞれ一番適している部品を選んでくるのですから、一番効率の良い〈経営〉ができるというわけです」（原社長）。

だからこそ強さが発揮できるのだ。

◇　◇

もう一つ忘れてはならない重要な情報がある。気象情報だ。特にメリーが看板アイテムとして展開しているチョコレートは、二五～二七度を超えると需要が著しく低下するというほど、気温に大きく左右される商品である。二五度を超えるとチョコレートはアイスクリームやデザートに取って替わられる。そして、そのアイスクリームでさえも、三〇度を超すと氷菓子にその座を奪われるという。気象情報はファッションだけでなく、食品の需要予測にも欠かせない重要な情報なのだ。

メリーでは、今から一四年前にアメリカの某民間気象観測会社と、その当時としては高額で契約をし、気象情報を取り寄せている。世界の地表の温度から、海水の温度、エルニーニョなど、さまざまな角度から解析した気象情報とあって、その正確さは「気象庁よりも遥かに優れている」（原社長）というほど。そんな精度の高い気象情報が向こう三カ月分、北海道から九州まで地域毎に日々の気温と天気予報という形に資料化して送られてくる。また、一カ月前には多少の修正を加えた正規の資料が送られてくるという。このデータを元に、例えば気温が二七度を超えそうになると、デザートや氷菓子を多めに陳列するなどして活用しているのだ。

このように、ＭＡＰＳによる顧客属性データと気象データを合わせて分析することで、無駄のない効率的な販売計画と生産計画の立案を可能としている。一九九七年（平成九年）に来日した、世界的にｅビジネスを標榜し、展開している巨大企業、米アイ・ビー・エムの会長兼最高経営責任者（ＣＥＯ）であるルイス・ガースナー氏でさえも、メリーの構築した全社的経営管理システムを目の当たりにして「メリーは世界でもっとも先進的なｅ企業だ。アメリカにもこれほどＩＴを徹底して活用している企業はない」と感嘆の声をあげたという。もっともｅビジネスの進んでいるアメリカにないということは、全世界をおいてメリーが一番ＩＴの進んでいる企業であると言っても過言ではないだろう。

◇　　◇

マルチメディアの拠点を構築

メリーのマルチメディアと生産の拠点として機能しているのが、一九九四年（平成六年）、千葉県船橋市に設立した船橋新工場と、それに付随する巨大自動倉庫を備えた情報流通センターだ。前述のとおり、三四億円もの投資を行い完成したものである。何故、メリーでは物流部門にこれだけの投資をするに至ったのだろうか。

船橋新工場のラック塔には三、一二八個のパレットが並び、商品の入庫から保管、取り出しなどをすべてコンピュータ管理している

船橋新工場及び情報流通センターの外観

「生産部門はものをつくって利益を出します。営業部門はものを売って利益を出します。しかし、物流部門というのは、いかにスピードをもって正確にものを納めるかが問われるわけで、いわばサービス部門です。利益を生み出すところではありません。しかし、そこにこれまでは膨大なコストをかけていた。そこで、その部分をできる限り先端機器に置き換え、固定費を下げようと考えたわけです。そして、気づいたら七七億円もの投資になっていただけの話です。結果としては投資した以上に利益が上がっていますから、決して無駄な投資ではありませんでした。今期（二〇〇一年八月期）はついに経常利益率が売上げに対して一割を超えようとしているのですから」（原社長）。

生産部門と流通部門の機能の一体化を目的に設立した情報流通センターは、大森、船橋両工場で製造した商品並びに製品の在庫管理から出荷までを一括して管理している。搬送ロボットやデジタルピッキングシステムなどにより、作業のほとんどをオートメーション化することにより、スピードと正確さを実現、そして流通部門の社員数も従来の七五名から一〇分の一以下の七名に抑えられたため、人件費の削減にもつながっている。

工場のラック塔には三、一二八個のパレット（一パレットあたりダンボール箱三〇個が収納可能）が並び、商品の入庫から保管、取り出し、日付管理までをすべてコンピュータで管理している。つまり、最新鋭の機器と設備の導入により、物流業務全般の大幅な自動化と省力化、経費削減に成功したのだ。これにより、同センターから年間出荷される二〇〇億円分の製品のうち、不明金はわずか二〇万円という。二〇〇億分の二〇万ということは〇・〇〇一％以下、ほとんど数字にならない程度である。

これだけの効率を可能としているシステムの仕組みはこうだ。まず、全国の店舗から寄せられる売上高や在庫数といった基本データが情報物流センターの流通業務専門のホストコンピュータに集約される。すると、そのデータに基づき補充量が算出され、情報流通センターでは商品を無人搬送車が自動的に保管庫から取り出し、人手をほとんどかけずに自動的に各店舗に毎日必要な分だけ配送される仕組みになっているのだ。さらに工場では情報流通センターの出荷数と店頭の売上げから生産量を決定しているため、情報流通センターの保管庫が品薄になると、これまた自動的に商品を生産、補充するシステムになっている。これによって常に商品を効率良く、ほとんど誤差なく、安定的に供給することができるというわけだ。

もちろんデータは日々更新されているため、完全に商品の日付管理がコントロールできるようになっている。また、これまでバラバラだった生産、流通、販売の情報を同時に、的確に掴めるため、見込み違いによる過剰在庫や在庫不足の改善にもつながっている。

なお、商品は情報流通センターから一括で出荷される。また、午後三時までにオーダーすれば、九州と四国、北海道などの一部の地域を除いては、翌日の一〇時までには納品できる。こうしたことにより、在庫回転率は著しく伸びた。なんと平常月で六・一回転、バレンタイン、中元・歳暮、クリスマスなどの繁忙期には平均して月二四回転もするという。

◇　◇

取引先にも情報を開示

「必要なものを必要なだけつくって売ることを一般的にサプライチェーン・マネジメント（ＳＣＭ）といっていますが、メリーではもっと分かりやすく、ムダ、ムラ、ムリによる『ダラリ経営』をなくそうといっています」

メリーでは二〇〇〇年（平成一二年）九月より、本格的にＳＣＭ、つまり、製造分野における情報化に乗り出している。まず、販売予測については販売部門の意見を最大限に尊重し、それを受けて生産部門が商品の生産計画を立案する。生産計画には販売部門が絶対的な権限を持つわけだが、その代わりに、在庫の過不足に対する責任も販売部門が負うようにしている。さらに、販売量の予測も一〇日毎に四〇日先までを予測することを義務づけた。そのうち二〇日先までの予測はあとから大きく変更しないという決まりも作った。

この計画に基づいて、毎朝、製造と販売の両部門がミーティングを開き、生産計画を調整、精度を上げることに努めている。このようにシステム化したことによって製造・物流コストの五％削減を早くも実現した。

メリーでは、このSCMを社内だけにとどまらず、主要取引先との間でも実施している。原料メーカー、あるいは資材メーカーといった取引先に対して四〇日先までの販売予測を公開し、さらに四カ月という中長期的な販売予測も資料として提供している。取引先は生産計画を立て易くなり、無駄が省けるようになるわけだ。

SCMに乗り出した理由を原社長はこう述べている。

「利益が確保できなければ、社員全員の生活基盤を揺るがすことになります。だからといって安易に価格を上げたり、原料の質を落とすといった短絡的な手法を取ってしまえば消費者の反発を招き、信頼を失います。では、どこで利益を生み出せばいいのか、と考えた場合、一番高い固定費である人件費を削減できるよう、置き換えられるところはすべて先端機器に置き換えると同時に、社内、社外ともにIT活用による情報の共有化を図り、無駄をなくすことを考えたわけです」

今後は、いつ、どの商品を何人がどれだけの時間をかけてつくったか、というところま

各部門がすべて情報網でつながる

◉メリーチョコレートカムパニーの経営管理システムの概要

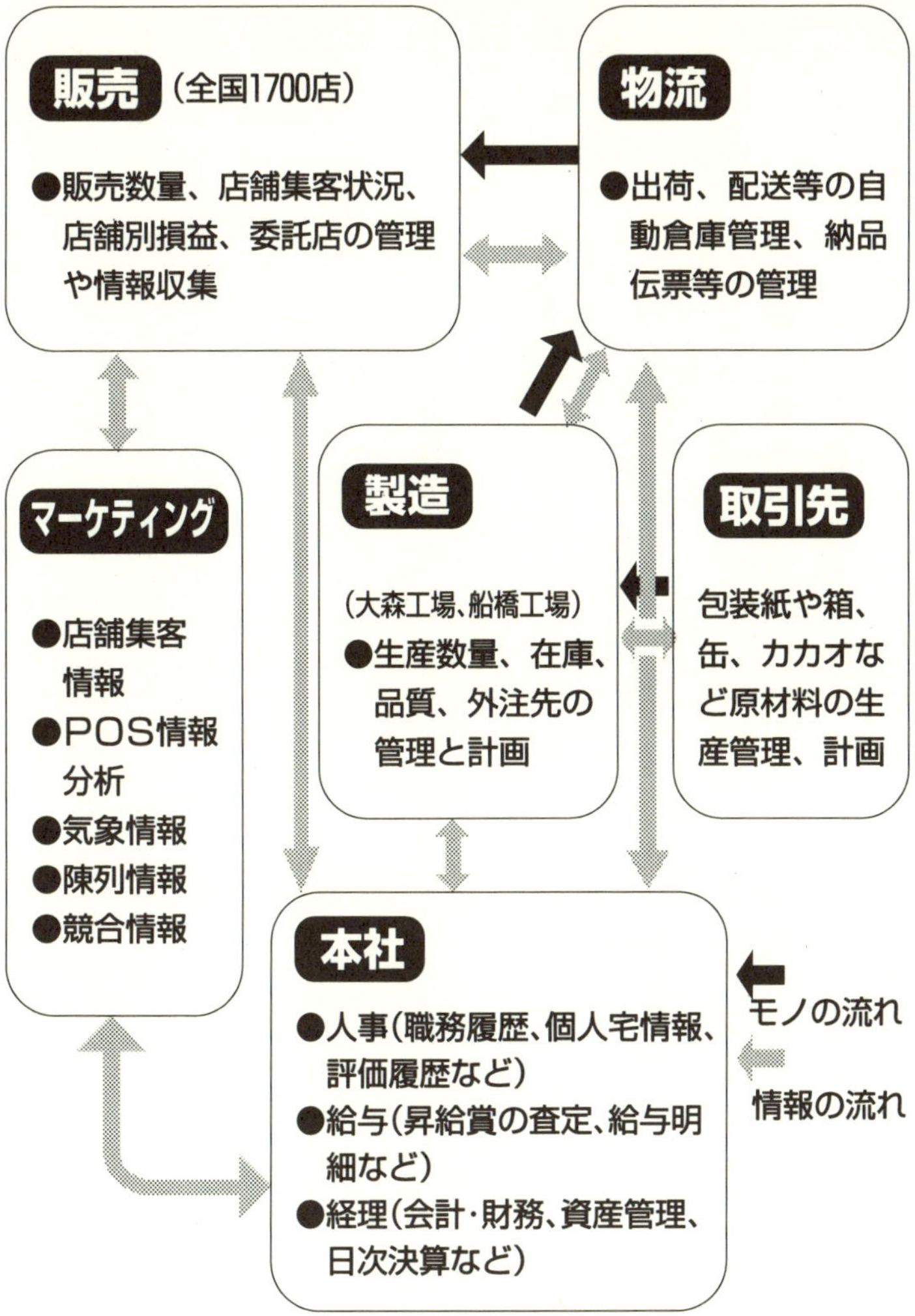

で情報を掘り下げ、より適切な人員配置を行えるようにしていく考えだ。さらに、商品毎の製造原価を精緻に算出し、売上げではなく、利益を拡大化する陳列方法にも挑戦していく。すでに昨年（二〇〇〇年）より、製品コストに関する情報の収集、蓄積、分析を開始しているため、原価の算出は間もなく完了するだろう。

◇　◇

目指すのは〈温もりのある企業〉

これだけeビジネスが進んでいるにも拘らず、メリーが目指すのはあくまでも人の温もりが伝わる商売である。

「情報技術の進歩を見ていると、どことなく無機質で機械的な冷たさを感じずにはいられない。利便性や合理性を追求するあまり、人と人との間に電子の通る冷たい溝ができてしまったのではなかろうか。現在、携帯端末で情報をやりとりする若者たちの姿は「二一世紀型コミュニケーション」といってしまえばそれまでだが、どこか温かみに欠けた、ゆがんだ人間関係を象徴しているように見える。そのような中にあって「カリスマ店員」がもてはやされるのは、若者たちが商品だけではなく店員との「対話」という温もりに付加価値を見出し、求めていることの証左でもあろう。

メリーでは、インターネットで注文をいただいたお客さまには必ずお礼のメールを返送している。もちろん通り一遍の内容ではなく、担当者がお客さまの一人ひとりに対して、文字だけでは伝えきれない「想い」を行間に込めるべく文章を吟味し、少しでも血の通ったメールをそれぞれにお返しするよう心掛けている。このように新たな販路においても、今まで培ってきた「メリーらしさ」で冷たい流れに温もり溢れる橋を架け、人と人とのつながりを大切にする、温かみのある商売を進めていくことが肝要であろう。

（二〇〇〇年二月「ぬくもりの架け橋」より抜粋）

情報技術は経営には必要不可欠だと説く。が、その情報を収集することだけに固執し、情報に振り回されて、もっともたいせつなことを見失っては、意味を成さないことを力説する。ＩＴ活用において先端を行っているからこそ、追随する企業に警鐘を鳴らす。

◇　◇

すべての中小企業のために、そして日本経済のために

二〇〇〇年（平成一二年）一〇月に、東京商工会議所のＩＴ推進委員会初代委員長に推挙され、就任した原社長は、ＩＴ推進委員会の目的を「東商の一〇万の会員企業のＩＴ化

の手助け」と語る。資本を持つ大企業や、ベンチャーなどITのエキスパートのような企業であれば独自でシステムを開発することもできるであろうが、ほとんどが中小企業であり、未だ「帳票形式」、それも手書きというのが現状だ。

原社長はいう。

「日本の総就労人口は六、六〇〇万人といわれています。そのうちの九一％が中小零細企業に勤めているわけです。この九割を超える部分の水準を上げていかなければ日本経済は良くならない。ですから、日本経済の向上のためにもメリーが持っているものでお役に立てるものがあればすべて提供していきたい。そして、中小零細企業のみなさんが少しでも利益の上がる仕組みを掴み取ってくれればと思います。大企業であれば自力でなんとでもできるでしょう、海外に新天地を求めることだって可能です。しかし、中小零細企業はそれができないのですから」

この言葉どおり、現在、メリーが開発した基幹業務のデータベースシステムを東商の会員企業に無償で提供する計画を進行している。数字を打ち込めばすぐに活用できるというものだ。

メリーが独自開発したシステムを外販すれば、一説には、二、〇〇〇億円を超える市場規模も見込めるという。一つのシステムあたり、六〇〇億円は下らない。が、それを惜しみなく中小企業活性化のために提供するというのだ。

「情報は互いに共有し、最も効率が良く、利益を生み、業務の迅速化を図ることができる方法を見出すツールとして活用して初めて意味があるのです」

やはり、良き情報を提供し得る企業こそが有意義な情報を得られ、それを有効に活用できる企業こそが真に強く、魅力ある企業となり得るのだろう。

以上のことを踏まえると、自社の利益追求だけに走らずに、メリーを取り巻く全ての人や企業を思いやり、共栄を果たしてきたことが今日の成功に結びついているといえよう。

今期（二〇〇一年八月期）、ついに念願の経常利益率一〇％を達成したのもうなずける。

第五章 〈メリーらしさ〉を育む

安心して働ける会社

「ＩＴ化が進んでも、決して先端機器に代替できないことがあります。思いやりや気づかい、心づかい、顧客との対話もそうです。そしてそれこそが最も大切で、メリーらしさを発揮できる部分でもあるのです」（原社長）。

アメリカ型の成果主義が持てはやされ、日本においても成果主義に基づく人事制度を導入する企業が増えている。が、メリーでは一貫して終身雇用制度と年功序列による給与体系を維持している。もちろん、社員の数が減っていないわけではなく、一五年前と比較すると三割ほど減っているが、いずれも結婚、出産、転職など個人の都合による希望退職か定年退職による自然減であるという。

ではなぜ、メリーでは欧米風の実力・成果主義を取らずに、終身雇用制度や年功序列を堅持し続けているのだろうか。原社長は言う。

「特に我々製造販売業が成果主義に走りますと、大変クールな組織になってしまうと思うのです。売れればいい、つくればいい、それさえしていればいいということになりかねない。が、それでは〈想いを贈る〉企業とはいえません。人間らしい血の通ったサービスを行うためには、社内においても血の通った評価制度が必要なのです。特にメリーでは家族的経営を目指していますから、温かみが感じられる制度が必要なのです」

定年まで雇用が保証されるからこそ、社員は安心して仕事に従事できるというのが創業者から受け継いだ原社長の持論だ。雇用が保証されているからこそ、家を買う、車を買う、このぐらいの歳にはこどもを持ちたいなどという人生設計を、一人ひとりが自由に立てられるようになる。そして、より具体的なプランを描けるようにするためには、ある程度確証のある収入を提示する必要があるということから、どのくらいの時期までにどのくらいの収入がもらえるのか、その目安となる各年代別のモデル賃金の公開なども実施している。

そう、メリーが社員全員に開示している情報の中には、社員の個人情報も含まれているのだ。それも、社員一人ひとりがどのような履歴、社歴を持ち、どのような業務に従事してきたかというだけではなく、毎月いくらの給料をもらっていて、年二回の賞与がいくらかといった人事考課や給与査定に至るまでである。

「あの人はこんなにもらっているのか！　なのに自分は――」というような不平不満を煽ることになりかねないのではないか、といった質問を受けるというが、「データは、その人事考課が誰によっていつ実施されたのかというところまでが網羅されているので、ひいきや主観などに左右された評価を下すとすぐに指摘されますから、かえって不正を防ぐことになります。ＩＴは悪人をつくらない、とわたしが言うのはそうしたことからです。また、会社が各社員に何を求めているのかということをきちんと示し功績評価システムを導入しましたので、不平不満は今のところ聞いたことがありません」（原社長）という。

そして、その評価は冒頭で述べたとおり〈年功序列〉である。忘れてはならないのは〈年功序列〉とは、〈年齢〉とともに〈功績〉をも反映させた給与体系であるべきということだ。一般的に「悪しき慣習」のようにいわれている年功序列は、この年齢だけに着目し、年齢が上がると自動的に賃金が増える〈年齢序列〉に過ぎない。メリーのいう年功序列は真の年功序列をいう。

しかし、人が人の功績を評価するのは非常に難しい。そこで、メリーでは一九九七年（平成九年）より、各社員が上級管理職との話し合いによって各自の目標を設定し、目標達成度によって評価される新しい人事考課システム「チャレンジシート制」を導入している。このシートを基に社員は一カ月ごとに上司と目標達成度を確認し合う。人が主観で人を評価しない、目に見える評価を具現化したと言えよう。

更に、この考課システムで各自の業務目標が明確になり、会社から何を期待され、どのように評価されているかが明瞭になる。そして目標を達成すれば、それがそのまま給与にも反映されるので、やりがいのある職場の実現にもつながり、年功序列の人事体制の精度を高めることにも役立っているようだ。もちろん、評価する管理職側が、部下の特性を企業の経営戦略に適合させ、数値的な成果には結びつけにくい会社への貢献ポイントを正確に把握し、目標達成度を公正に評価できることがこのシステムの大前提にあることは言うまでもない。

「企業とは、スポーツに例えるとサッカーやラグビーのような団体競技なのです。団体競技では、ポイントゲッターだけでなく、その補佐役や守備に回る選手の存在も必要であり、またそうした人も正当に評価されるべきです。ですから、ポイントゲッターだけを評価する、表向きの結果だけを見て評価するような成果主義であってはいけないと思うのです」

評価の対象期間についても七年から一〇年とし、一過性の成果で評価するようなことのないようにしているのも特徴だ。そして、こうした長期的な評価が可能なのは、終身雇用を実施しているからこそなのである。

社長は人事考課について、自身の著書「感動の経営」の中でこう述べている。

人間の能力は無限であり、能力は各自の努力によって育つ。努力不足の部下を育成するには、我が子を育てるような愛情を持ってあたる覚悟が必要だ。家庭において我が子の理想的な人間形成を願い、叱咤激励するのと同じように、

㈠ 企業における人材育成はマンツーマンで指導をし、
㈡ 問題意識を抱いて行動させ、
㈢ 常に目的意識を持たせること

が重要だ。

とはいえ、自分の能力不足を上司の指導力のせいにするような「指示待ち人間」では、これからの競争社会を生き抜くことはできない。若々しく柔軟で旺盛な知的好奇心と向上心がなければ、すぐれた社風も「猫に小判」だ。

合理化旋風におびえ自らの評価のみが気がかりな「ほめ言葉を忘れた上司」、努力を惜しみ「目先の成果だけを考える若者」ばかりでは、せっかく半世紀もかけて築いた「経済王国」も砂上の楼閣、一朝の夢に帰するのではないだろうか。

（一九九五年一〇月「部下は、我が子のように育てる」より抜粋）

◇　◇

〈メリー人〉の育て方

「企業は人なり」とよくいう。これだけIT化が進んでいるメリーにおいても、それは変わらない。先端機器であってもつくるのは人であり、それを使い、活用するのも人である。そして、何よりも〈想いを贈る〉企業としては、人の温もりが最も重要なのだ。

メリーでは、人材教育に社長自らが率先して取り組んでいる。

「学校には教科書がありますが、企業にはありません。しかし、創業者精神や、先人たちの苦労があって今日の会社があるということを忘れてはなりません。それが一つの目標に向かって働く社員の意思統一につながるのです。そして、そういうことを語り継ぐことが二代目であるわたしの最も重要な仕事であると考えています」

原社長は自身の著書、「感動の経営」の中で教育について以下のように述べている。

一口に教育といっても、よほど注意して選ばないと時間とカネの無駄になるばかりか、受講したことによってかえってマイナスの結果になることもあるという。

狭い視野の片寄った人間をつくってしまう「狭育」

一過性の社会状況によって教育内容がくるくる変わる、哲学を持たない「況育」大声で怒鳴りつけて受講者を脅す「脅育」そのため生徒は恐れおののいて満足に意見がいえないような「恐育」受講生同士の競争心を煽り、敵愾心を植えつける「競育」も「百害あって一利なし」だ。中には「消極人間が積極人間になる!」などというキャッチフレーズで受講者を集め、催眠術まがいの手法で深層心理を刺激し、ときには性格破綻者をつくり出してしまうような「狂育」もあると聞く。

企業における教育は、短期的な効果を期待するためマニュアルによる促成教育となり、若い社員を鋳型にはめるようなことになりがちだ。

たしかに社会人としての基本的なマナーなどの初級教育はマニュアルに頼る部分はあるが、次代を託す「人財」を育成するには、その企業が歴史の中で蓄積した教訓や、先輩社員が業務を通じて学んだ知恵など、企業の知的財産を継承することが基本とならねばならない。

とはいえ、先輩が後輩に自慢話を聞かせたり、説教をするだけでは効果も薄く時間の浪費だ。後輩は先輩から企業の伝統や知恵を学び、先輩は後輩から若くてみずみずしい感性や新しい情報を吸収しながらともに育つ「共育」となり、その結果チームワークが養われて良き協力体制が実現される「協育」となることが、社内教育の理想の姿であろう。

（一九九三年二月「社内教育は『共育』『協育』で」より抜粋）

これだけ社内教育に明確なビジョンを持つ原社長であるが、部下の教育方法には頭を悩ませていた時期があったという。そのようなとき、決まって助言を与えてくれたのが父である創業者だった。「人間の指は五本とも長さが違い、それぞれ別々の役割を果たしている。同じように、企業にも無駄な人材など一人もいない」と繰り返し語っていたという。

こんなことがあった。

あるとき、どうしても直属の部下のやり方が気に入らなかった原社長が、創業者にその部下をチームから外してくれと頼んだことがあった。しかし、「社員一人ひとりにはその人の許容量があるのだから、その人にあった指導方法というものがあるはずだ。目の前の状況で判断するのではなく、きちんと話し合ってみるべきだ」、と逆に指導方法を指摘されてしまったという。「そのときは、なぜわたしの気持ちを理解してくれないんだと頭にきましたが、父が言うようにその部下と話し合い、これまでとは違う方法で接してみると、部下は見違えるようにやる気を見せ始めました。父の言うことは正しかったと痛感させられました」（原社長）。

ちなみにその部下とは、現在、常務である佐藤忠男氏である。今では社長にとって欠かせない人材であり、右腕となって活躍している。あのとき、一時的な感情で判断していたら大切な人材を失っていたかも知れない。「親父の説教と冷酒はあとから効くといいますが、本当ですね」としみじみ語る。

以来、社員には問題意識と目標意識を持って行動させるように心掛け、また努力不足の社員を育成するときには、家族の一員のようにマンツーマンで指導するようにしている。

「会社は決して社長や一部の幹部だけが動かしているのではない、社員一人ひとりの個性で成り立っていると、先代社長の父に教えられました。新幹線だって、ビス一つ足りなければ動かないのです」

メリーでは、人材育成を含め、人事政策に関する方針はすべて社長室から発信するようにしているのも、トップの考えや企業理念を社員へ早く浸透させるためだけでなく、親が子供を叱り育てるように、社長自らが社員に声を掛け、育成することこそが〈家族的経営〉の基盤になると信じているからだ。

◇　　◇

創業者精神を今に伝える

変化する時代の中で、企業が生き残っていくためには、常に新しいことに挑戦していく柔軟な姿勢が重要であるが、同時に失ってはならない、その企業らしさというものがある。メリーの数々の研修プログラムの中には必ず社長の講話の時間が設けられている。このように、あらゆる機会を通じて社長が社員に直接言葉を伝えることを心掛けているのも「創業者の考え方を後世に伝える」ためであり、「経営者と社員は常に同じ目線でいなければならない」と考えているからだ。社長が社内向け週刊情報誌「メリーズ・インフォメーション」（一九七六年発刊）に、専務時代の一年間を含め、一五年間書き続けている「今週の提言」は、その最たる例で、社長自らが経営に関する文章を、社員啓発を兼ねて綴っている。そして、その情報が一方通行にならないように、社員にも毎週、彼らが売場で感じたこと、反省点などを報告してもらい、意思の疎通を図っている。

◇　◇

メリーの教育システム

人材育成のための研修、あるいは制度として、メリーでは「販売実務者研修」「経営会議」「メリー経営塾」「新入社員研修」「応援団制度」の五つを五本柱にすえている。

「販売実務者研修」とは、中元・歳暮・バレンタインなどの繁忙期を除き、原則として月に一回行われる、販売員を対象とした研修のことだ。全国から毎回一二〇名ほどが本社に集まり、セールストークや陳列方法、商品知識、そしてMAPSの使い方などについて学習し本社との連携を強化している。一九七二年（昭和四七年）に第一回が実施されて以来続けられており、当時NHKのアナウンサーだった鈴木健二氏をはじめ、度々著名人を招いて講演をしてもらっていたというから、企業規模から考えると、当時から社員教育にそれだけ前向きだったといえよう。

「経営会議」は、毎週約八〇名の管理職社員（課長クラス以上）が集い、メリーが実施している「週決算」の報告がなされている。ここで出される決算書類には、通常の企業ではトップシークレットとなっているであろう重要な経営指標や数値なども掲載されている。その狙いは、「社員に若いうちから経営意識を持ってもらいたい」（原社長）というもの。参加者の中には三〇代の課長クラスもいるという。メリーの人材の層の厚さはこうしたところから生まれるのだ。

そして「メリー経営塾」である。これは一九九四年（平成六年）に策定した「メリーハイウェイ二〇一〇計画」の一環として、一九九五年（平成七年）に立ち上げたもので、対象は四五歳以下、つまり、この長期経営計画の目標年である二〇一〇年に定年に達していない社員を対象としている。毎月一回、休日を利用し、最新設備を備えたブレインセンターを会場に行われており、参加は自由意志としている。が、開講以来ほとんどリタイアする者なく今日に至っているというから、社員の向上心の高さがうかがえる。塾生の数は現在八〇名を超え、その中から役員も生まれている。

ここでは、次代を担う創造性豊かな人材を養成することを目標に、外部講師を招き、財務からマーケティング、経営戦略などあらゆる分野にわたる講座が開かれている。また、休日であるにも拘わらず、毎回必ず社長が出席し、販売実務研修と同様に自らメリー流の経営について語る時間を設けている。

「新入社員研修」は、現場研修を中心に行い、必ず製造と販売の両方の現場を体験することが義務づけられている。製造も販売もともにメリーにとっては重要な業務であり、どちらの大切さ、あるいは大変さも知ってもらうことに主眼を置いているためだ。こうした互いの職場を知るための制度は、新人以外の社員に対しても用意されている。それが「応援団制度」だ。

「応援団制度」とは、部門や課の垣根を越えて現場を経験させる制度である。普段製造に従事しているものも売場に出て販売の応援をするという具合だ。バレンタインやクリスマス、中元・歳暮などの繁忙期には売場に一〇〇名の応援団を投入することもある。もちろん、総務部、経理部などの部門からも応援に出向く。

社長と若手社員が集い、21世紀のメリーの進むべき方向を話し合う「メリー21」の会議風景

1972年より毎月行われている「販売実務者研修」の様子

「例えば、製造担当者であれば、自分たちがつくっている商品がどのようにお客さまの手に渡っているのかを、知っているのと知らないのではまったく仕事に向かう姿勢が違ってくると思うのです。工場にいるときは、一人一日に五、〇〇〇個であるとか六、〇〇〇個の商品をつくっているわけですが、お客さまがお買い上げになるのは一個。まとめ買いをするお客さまでもせいぜい一〇個、二〇個といった数です。その一個を買っていただくために、どれだけの労力、心づかいが必要であるかということを身を持って経験し、心に刻んでもらいたい。わたしたちは想いを贈る企業の人間なのですから」（原社長）。

このように互いの業務の大変さや問題、課題、悩みを実体験を通じ知ることによって、相手に対する気づかい、心づかい、思いやりが生まれると力説する。

特筆すべきは、こうした社員教育をメリーでは全部〈自前〉で行っているということだ。つまり、外部の講座や研修に参加させるのではなく、その社員と日ごと接する先輩や上司が、生産や販売の現場で仕事を実践的に教えることを基本としている。現場に直結した即効性のある方法と言えるだろう。

◇　　◇

メリーが求める人材とは

「企業にとっての究極の資源は人です。業績に左右されて、人材教育を怠ってはなりません」というように、教育には多くの時間と資金を注ぎ込んできたという。もちろん、社員との最初の出会いである入社試験においても、本当にメリーが求める人材であるかを見極めるために慎重且つ、時間を十分にかけて行っている。

入社試験の方法が実にユニークだ。筆記試験と面接だけというありきたりな採用方法を廃止し、出身校を一切伏せて、趣向を凝らした面接を何段階にも分けて実施している。中でも最もユニークなのは「感性テスト」と呼ばれるものだ。これは社長も同席する最終面接の際に参考として行われるものであって、合否を左右するものではないが、最もメリーらしいテストと言えよう。そのテスト方法とは、スクリーンに映し出された写真や絵を見て、何を感じたかを率直に話してもらう、あるいはストーリーを考えてもらうという、一見すると会社勤めには何ら関係がないと思われるようなものだ。

「氷がとけると何になりますか？」という理科のテストで、「春になる」と答えた生徒の話は有名ですが、このような素直な発想は、人間にとってはとても大切な感性のように思います。

（中略）

例えば子猫が二匹並んで街角を歩いている写真があります。ただ猫が歩いている、としか感じない人もいれば、首輪もない野良猫が、餌を求めてさまよっていると見る人、一匹の猫の鋭い眼光から、この猫の方がお兄さんで、もう何日も餌を食べていない妹のために必死に餌を探している、とまで空想を働かせる人もいます。

感じ方は人それぞれ、決まった答えはありませんし、その良し悪しをわたしたちが判断することもできません。

しかし、少なくともメリーという会社は、やわらかい考え方のできる人、いろいろな見方のできる人、「氷がとけたら春になるんだよ」といえる人材を必要としており、また、それぞれの「感性」を大切にした教育を行っていかなければならないと考えています。

これは、原社長の著書「感動の経営」の中で、社長秘書がメリーの教育について述べた文章の抜粋である。

想いを贈る企業を自負するメリーにとって新たに採用する人材が数字的なことに優れている人、語学の優れている人であるに越したことはないが、、それ以上にこうした柔軟な

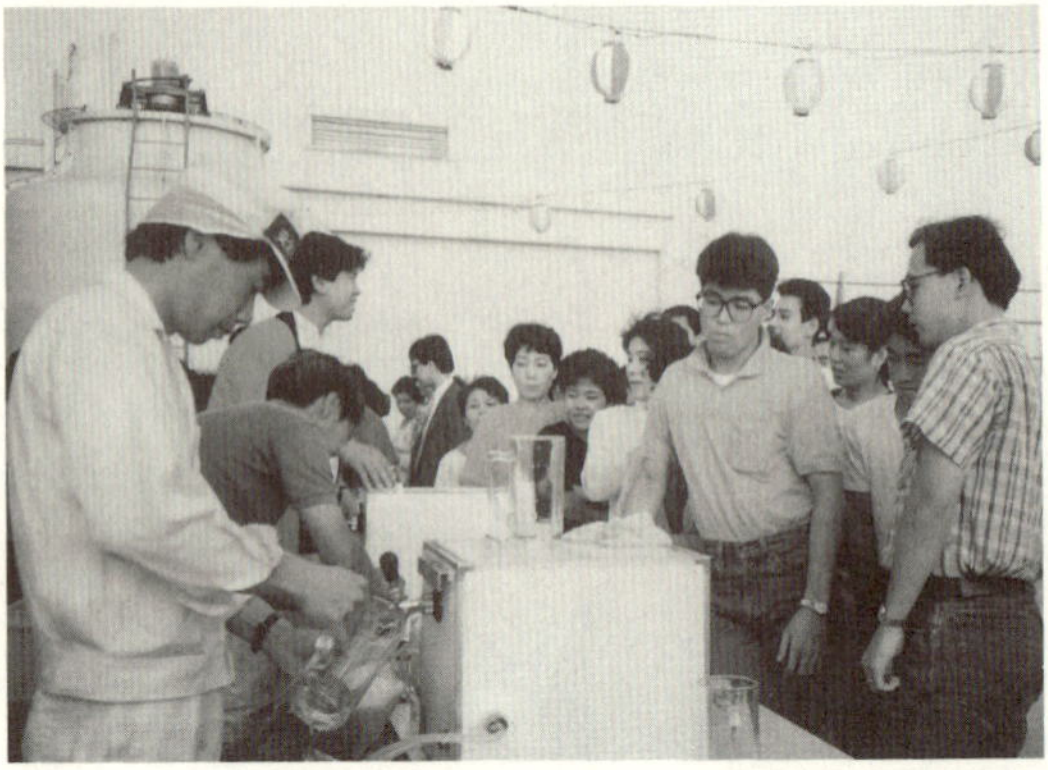

家族的経営を主軸としていることから、
社員同士のつながりを深めるイベント
は多彩。写真は納涼大会での一コマ

先輩たちの労をねぎらうことも忘れな
い（OB・OG会にて）

感性を持つ人を必要としているのだ。ITをいち早く取り入れ、その分野では他より抜きん出ているにも拘らず、誕生会や社員旅行などを頑なに継続しているのも、人と人との交流のある環境でなければ、想いを贈る企業にふさわしい人材の育成は不可能であると考えるからだ。ゆえに〈家族的経営〉という、至極「アナログ」的な部分を堅持できているのであって、このアナログの部分と先端機器を使いこなす「デジタル」の部分を持ち合わせていることがメリーの最大の魅力といえよう。

◇　◇

企業は人なり

では、〈メリーらしさ〉とは一体何を指すのであろう。

それは、メリーが実践している〈家族的経営〉をとおして垣間見ることができる。

取材を終えて、席を立とうとする社長が、手にいくつかのカードを持っていたので、それは何かと尋ねると、「社員の誕生日なので、メッセージを書いて贈るんです」と当然のことのようにいった。

どんな少人数の会社でも、社長自らが社員一人ひとりに誕生日カードを贈る会社などどれだけ存在するのだろうか。ましてや、メリーは今や七二〇名を超える社員を抱えており、決して小さな会社ではない。にも拘わらず、社長は社員へ贈る誕生日カードを当たり前のことのようにせっせと書いているのだ。

これだけではない。メリーでは社員の「お誕生日会」が毎月行われている。社内の一角で、該当月に誕生日を迎える社員をゲストに、その社員の上司がホストとなってささやかながら催されているもので、料理も仕出屋に頼むだけでなく、各部署の社員が裏方となって、ロールパンやサラダを手作りで用意したりする心のこもった温かい会だ。

社員旅行や新年会、納涼大会なども毎年欠くことなく行われている。多くの会社が、経費節減などといって真っ先に削ってきた部分であろう。メリーでは「企業にとって一番大切な人と人との交流を削減してはならない」という創業者の想いによって何よりも優先させてきたことだ。そして、そうした環境にあるからこそ、社員たちは店頭においても心のこもったサービスが実行できるのだろう。

「売ること自体を目的としていないことが、敢えて言えば強みなのかも知れません」

商品を売ろうではなく、どういった商品であればお客さまは喜んでくれるだろうかを考える。これは、奇策でも何でもなく、商いの基本であるのかもしれない。その気づかい、心づかい、思いやりという商いの基本、いや、人との交流の中で忘れてはならないことを守り忠実に実行しているだけ。それがメリーらしさであり、メリーの強さだ。

こんなエピソードがある。

ある社員の父親が亡くなったときのことだ。原社長は、報告を受けるとすぐに、その社員の履歴データを取り出した。そして、その社員の父親がベンチャー企業を立ち上げたばかりで、それに伴い家も転居して間もないと知り、一二月という繁忙期の最中であったにも拘らず、すぐさま営業の社員全員を二班に分け、一組を通夜に、一組を告別式に出席するように指示したのだ。

「きっと引っ越したばかりなので、近所づき合いもほとんどないでしょう。それに独立したわけですから、前の会社の人が通夜や葬儀に見えるとは思えなかったのです。これは寂しい葬式になってしまう可能性がある、そんな思いを社員にさせたくなかったのです」

社長の思いやりによるものだった。

社員のデータは、その社員自身の履歴にとどまらず、家族構成、自宅住所、さらに電子地図で自宅のある場所が表示されるようになっている。これは一九九五年（平成七年）の阪神大震災を教訓に、危機管理面から追加された項目である。

「何か起きた場合、すぐに社員とその家族の安否が確認できるように」という思いやりによるものだ。そして前述の例でもこのデータが活きたわけだ。社員自身だけでなく、その家族までを思いやる心づかいに社員は感激したという。メリーらしさが育つ環境はこういうところにもあるのだろう。

◇　◇

メリーの現所在地である大森（東京都大田区）には、本社ビルと大森工場がある。そして、四層からなる大森工場の最上階部分は、今もなお、ワンフロア（四〇〇坪）をまるごと、事務所と社員食堂に当てている。

本社が渋谷から大森に移ったのは一九六八年（昭和四三年）。なぜこの地を選んだのかというと、東海道線と京浜東北線が側を通っているため、「この地に社屋を建てメリーの看板を掲げれば、電車から見える。そしてより多くの人にメリーの存在を知ってもらえる」という発想からだ。

ちょうどそのころ、大森から程近い平和島にトラックターミナルができたこともまた魅力だったという。それまでは品物を運送屋まで自分たちの手で運んでいたからだ。大森に移れば、近いので商品を収荷に来てくれるだろう、と目論んだわけだ。

建物自体も緻密な計算がなされている。四層からなる建物のフロア構成を、三階で商品をつくり、二階に降ろして仕上げをし、一階でトラックに積み込むようにした。反対に、下でつくったものを上に上げて行き、最後に下ろすとなると、重量が増し、それだけエレベーターに負荷がかかる。が、重くなるにつれてどんどん下の階に下ろしていくのであれば、電力消費量は半分で済むわけだ。そこまでコストや効率を考え、綿密な計算を行っていたにも拘らず、四階部分を、生産性のまったくない社員食堂と事務所にワンフロアまるごと割いたというところが、いかにもメリーらしい。

「最も大切な部分にお金をかけないでどうする」という考えと、「最も大切な社員にせめて昼休みの一時間ぐらいはゆっくりくつろいでもらいたい」という創業者のやさしさによるものだ。この考えは、メリーが行ったITへの惜しみない投資にも通ずる。無駄を省き、その節約分を必要なものに惜しみなく投資するのがメリー流の経営方法だ。

正に「企業は人なり」――。メリーにおいてもまた、人こそが最大の財産なのだ。

◇　◇

さて、「メリーらしさ」とは、である。

「こんなエピソードがあるのですよ」と原社長が嬉しそうに語ったのは、メリーのトイレに咲き続ける小さな美しい花の話だ（以下、「感動の経営」より抜粋）。

過日、本社の男性用トイレに、ランの花びらを水に浮かせた小さな器が、さりげなく飾られていた。そのさりげなさが嬉しくて、一日中心温まる思いをさせてもらった。隠れた善意を表に出すのは無粋なことだとは思ったが、このようなやさしい心根の人を探してみたところ、数日経ってから毎日清掃にこられる係の方と知り、感動を新たにした。礼を述べると、「会社で出されるゴミの中から、プラスチック容器とランの花を拾い出して、きれいな花びらを取って浮かせただけですよ」と遠慮がちに話してくれた。この係の方が、ただ清掃という目的のためだけで作業をしていたのなら、古くなった花も容器も、ゴミとして処分されていたことだろう。しかし、そこにやさしい気づかいがあったために、捨てられていたものが美しく生まれ変わり、多くの人の心をなごませたのだ。

（一九九〇年一〇月「トイレに花を飾る心」より抜粋）

それ以来、トイレには四季折々の花が飾られるようになり、今日まで一度も絶えたことがないという。そして、その後、社員の提案で、洗面所の片隅に小さな募金箱が設けられ「お謝麗募金」なるものが始まった。これは毎日花を活けてくれる方々へ感謝の気持ちの表れから、社員が自主的に行ったものだ。そして、その花と募金箱の横に社長によるこんな文面が添えられた。

「高価な花もある。見慣れた花もある。しかしときとともに美しさを失う。心やさしく添えられた花は美しさを失うことはない」

メリーチョコレートカムパニー　50年の歩み（年表）

メリーチョコレートカムパニー　50年の歩み

西暦	メリー	世相
創業（1949年）		
1949年	・原堅太郎、チョコレート製造販売に着手	・中華人民共和国が設立
青山時代（1950〜1955年）		
1950年（昭和25年）	・祐天寺から青山青葉町へ移転、キャンディの生産を開始	・朝鮮戦争勃発
1951年	・タフィ、バターボール、チョコボールの生産を開始 ・取引先が次第に増え、経営はようやく軌道に乗る	・第1回紅白歌合戦を放送 ・対日講和条約、日米安全保障条約調印 ・初の民間ラジオ局2局が開設
1952年	・9月1日、株式会社メリーチョコレートカムパニー設立（資本金50万円、従業員20名）	・日本電信電話公社が発足 ・NHKがテレビ放映を開始
1955年（昭和30年）	・クリーミー（ソフトキャラメル）を発売、ヒット商品第1号となる	・日本がガットに正式加盟 ・自由民主党が結成

渋谷時代（1956〜1969年）

1956年	・資本金を200万円に増資 ・11月1日、渋谷の新工場に移転	・南極観測を開始
1957年	・カットチョコレート（1キロ・700円）、型チョコ、ピーナッツソフト発売	・昭和基地を開設 ・東海村に日本発の原子力
1958年	・新宿伊勢丹本店で初のバレンタイン商品を販売 ・全国的に店舗数増加、売上げが上昇気流に乗る ・テレビCMを初めて実施	・世界初の海底道路「開門トンネル」開通 ・熊本阿蘇山が大爆発 ・東京タワー完成
1959年	・**創業10周年パーティ開催**	・尺度法廃止、メートル法に ・皇太子明仁親王と正田美智子さんご成婚
1960年（昭和35年）	・テーブルチョコレート全盛 ・年間売上高1億円突破	・テレビのカラー放送開始 ・ダッコちゃん人形ブーム
1962年	・キャンディ、ヌガー等を大々的に販売	・ソ連、世界初の有人宇宙飛行に成功 ・東独が東西ベルリン間に壁を構築

1963年	・アーモンドスカッチが完成 ・英国製高級ミルククラムを使った良質なチョコレートを開発（チョコレート自由化時代の到来を予測し、外国製品に対応し得る国産チョコレートづくりに留意）	・東京が世界初の1、000万都市に ・坂本九の「スキヤキ」が全米ビルボード第1位に ・ケネディ米大統領暗殺
1965年（昭和40年）	・アーモンドスカッチ販売3周年を記念してフラワーセールを開催、百貨店食品売場での催事の走りとなる ・渋谷に喫茶室を併設したメリーショップをオープン ・マロンショコラ完成 ・ファミリーバレンタインの提唱をはじめる ・資本金800万円に増資	・プロボクシングの世界バンダム級でファイティング原田が日本人初のチャンピオンに ・戦後初の赤字国債発行
1966年	・ソフトフルーツを開発（ヌガータイプのキャンディにフルーツの味を加	・日本の総人口が1億人を突破 ・ビートルズ来日、グループサウンズ

	えた作品は国内初） ・ソニービル「マミーナ」にインショップ第1号店をオープン	が流行
1967年	・百貨店で初めてハンドメイドチョコレートの製造実演デモンストレーションを行う	・欧州でEC発足 ・ASEAN発足
1969年	・9月5日、一部未完成のまま大森の新社屋へ移転 ・**創立20周年**と本社・工場落成をかねた祝賀レセプションを行う ・海外進出に乗り出す ・資本金1、600万円に増資	・東名高速道路が全線で開通 ・学生占拠の東大安田講堂を機動隊が封鎖解除 ・米国アポロ11号月面着陸
大森時代（1970〜1985年）		
1970年（昭和45年）	・アーモンドスカッチ全盛	・大阪で日本万国博覧会開催 ・日本赤軍、日航機「よど号」ハイジャック ・銀座、新宿などで歩行者天国開始

1971年	・資本金2、704万円に増資 ・コンピュータ導入	・円が変動相場制に、1ドル360円の時代終わる ・日清食品がカップヌードル発売
1972年	・マロングラッセ販売開始 ・コンピュータによる販売管理（主に伝票発行）を開始	・浅間山荘事件 ・「日本列島改造論」 ・パンダ2頭が上野動物園で初公開 ・沖縄県発足
1973年	・パックチョコレート販売	・カラーテレビ普及 ・第1次オイルショック ・「神田川」が流行
1974年	・大森税務署より優良申告法人として表彰される ・バレンタインに関連し市場調査を大々的に行う（第1回モニター会議開催）	・金脈問題で田中内閣退陣 ・ミニスカートが姿を消す ・初のコンビニ「セブンイレブン」開店
1975年（昭和50年）	・ワンダフル販売 ・発売日報制度開始（のちにMAPSとして発展）	・ニューファミリー ・ビデオカセット登場 ・戦後初のマイナス成長

1976年	・週報「メリーズインフォメーション」第1号発刊	・ロッキード事件発覚 ・ジョギングブーム ・「およげたいやきくん」が流行
1977年	・ポエム・ド・メリー発売 ・辻クッキングスクールで手づくりチョコレート教室を国内で初開講	・カラオケブーム ・ピンクレディが人気 ・巨人の王貞治、本塁打756本世界新記録
1978年	・フィフティフレッシュ発売	・外食産業急増 ・竹の子族がブームとなる ・新東京国際空港（成田）が開港
1979年	・ファンシーアメリカン発売	・初の国公立大学共通一次試験実施 ・第2次オイルショック ・ウォークマン登場
1980年（昭和55年）	・動物チョコレート発売 ・**30周年パーティ開催**	・校内・家庭内暴力が増え、社会現象に ・テクノポップ流行
1981年	・フレッシュケーキ発売 ・CIを導入する	・ジャズダンスがブームに ・田中康夫の「なんとなくクリスタ

	・パンドケーキ発売	ル」がベストセラーとなり感性の時代の到来といわれる
1982年	・オリエンタルランドと取引開始 ・TDEを導入（本社のメインコンピュータが各売店の端末機とつながれ、売店からの発注、売上げ報告、店卸報告などがオンライン化）	・日航機、羽田空港沖に墜落 ・ホテル・ニュージャパンで火災 ・エアロビクスがブームに
1983年	・松坂屋銀座店にシャルムドメリー第1号店オープン ・大森本社本館完成 ・TV朝日「徹子の部屋」でCMを放映（半年間）	・NHKが「おしん」の放映開始 ・浦安市に東京ディズニーランド開園 ・パソコン、ワープロ急速に普及 ・フォーカス現象相次ぐ
1984年	・台湾で初のバレンタインセール ・ブライダル商品群の発売開始 ・小型フレッシュケーキ、スペシャルケーキ、チーズフルーティー、マロンコンフィ発売開始 ・仕上げ部門にシュリンク包装機導入	・グリコ・森永事件発生 ・エリマキトカゲなど動物ブーム

	・雑誌広告「一粒シリーズ」がADC賞を受賞	
1985年	・原邦生常務（現、社長）インフォメーション誌上で「今週の提言」の連載を開始 ・原晃初代専務逝去、原邦生常務、専務に	・科学万博「つくば'85」が開幕 ・NTTと日本たばこ産業が発足 ・日航ジャンボ機が御巣鷹山に墜落
大森・船橋時代（1986～2001年）		
1986年（昭和61年）	・ライト志向の時代をとらえ、生ケーキ発売 ・社員教育制度導入 ・船橋工場竣工 ・創業者、原堅太郎逝去 ・原邦生専務、社長に就任	・男女雇用機会均等法が施行 ・伊豆大島の三原山大噴火 ・ソ連チェルノブイリ原発で大規模事故発生
1987年	・フルーティーワン発売 ・メリー21発足 ・台湾でサマーバレンタインを実施 ・大森工場に自動デコレーター及びエ	・お嬢様ブーム ・国鉄分割・民営化でJR11社発足 ・ニューヨーク株式市場で株価大暴落（ブラック・マンデー）

	ンロバーを導入 ・チョコレート百撰発売	・北朝鮮工作員が大韓航空機を爆破
1988年	・企画室からSP部門とMD部門が独立、㈲メリーエンタープライズを設立（92年に㈱生活情報研究所に名称変更） ・㈱創旬賛香設立	・世界最長の青函トンネル開通 ・本州と四国を結ぶ瀬戸大橋開通 ・リクルート事件発覚
1989年（昭和64年／平成元年）	・バレンタイン商品の完全包装納品が徹底 ・国内5カ所の営業所が支店になる ・アウスノルデンデザート発売 ・ポエム・ド・メリー目黒店オープン	・昭和天皇崩御、「平成」の時代へ ・中国で天安門事件勃発 ・ベルリンの壁崩壊
1990年	・ポエム・ド・メリー横須賀店オープン ・JAL国際線でチョコレートが採用される ・製造開発室を設置 ・**創業40周年迎える**	・雲仙・普賢岳が198年ぶりに噴火 ・湾岸戦争が勃発 ・東西ドイツ統一へ

1991年	・女子社員再雇用制度発足 ・ブリューエン発売	・都庁新庁舎がオープン ・南アがアパルトヘイト撤廃 ・ソ連邦消滅、独立国家共同体に
1992年	・フルーティーワン（瓶入り）発売 ・日持ちするケーキとしてブランディ、オレンジ、紅茶のケーキシリーズ発売 ・大森本社新館屋上に稲荷神社を建立	・地価公示価格が17年ぶりに下落
1993年（平成5年）	・クッキーコレクション発売 ・アップルグラッセ発売 ・プルーングラッセ発売	・EC統合市場が発足 ・サッカー、Jリーグが開幕 ・皇太子殿下と小和田雅子さんがご成婚
1994年	・第1回バレンタインエピソード発表 ・ポエム・ド・メリー広島店オープン ・船橋新工場及び情報流通センター竣工 ・クッキーコレクションをメリーズクッキーと名称変更	・円、戦後初の100円割れ ・関西国際空港が開港 ・年金法改正 ・各地で記録的猛暑、水不足が深刻化 ・向井千秋さん、宇宙へ ・彗星群、木星に衝突

	・ティータイムストーリー発売 ・トマトグラッセ発売 ・原邦生社長、東商1号議員に選出 ・ガナッシュ・ミルク発売	・南アでマンデラ議員が初の黒人大統領に
1995年	・「愛の日バレンタイン」キャンペーン実施 ・配送可能な「メリー生ゼリー」発売 ・ブレインセンター開設 ・メリー経営塾開講 ・セレクト缶発売 ・東京倶楽部発売開始	・阪神・淡路大震災発生 ・地下鉄サリン事件発生 ・世界貿易機構（WTO）が発足
1996年	・MAPS開始 ・香旬果発売 ・ファンシーアメリカンをファンシーチョコレートに名称変更	・O−157禍、全国に衝撃
1997年	・果樹園倶楽部、クリーミーデザート発売 ・アイスチョコ・アイスガナッシュ発	・神戸児童殺傷事件 ・英でクローン羊誕生 ・食品の日付が製造年月日から期限表

	売 ・保存食チョコレート発売 ・エスプリ・ド・メリー発売 ・ポエム・ド・メリー自由が丘本店オープン	示となる ・香港、155年ぶりに中国に返還 ・マザーテレサ死去
1998年 （平成10年）	・第1回バレンタイン川柳募集 ・神戸の被災者に保存食チョコレートを寄付 ・船橋工場が「食品衛生優良施設」として表彰 ・メリーズアイスクリーム発売 ・ミスターカカオ、ミスターブラック発売 ・贈れる生ケーキ、ポエム・ド・メリー工房発売	・長野で冬季オリンピック開催 ・和歌山で毒入りカレー事件 ・仏でW杯開催、日本初出場 ・戦後最悪不況に、24兆円の緊急経済対策 ・金融ビッグバン始動
1999年	・ホームページを開設 ・テレビ会議システム開始 ・2000年問題対策プロジェクト設	・東海村で国内初の臨界事故 ・脳死移植、初の実施 ・地域振興券を交付

	置 ・東商より表彰される ・メリーさんのひつじサブレ、柿の種チョコレート発売 ・インターネットビジネス開始	・欧州単一通貨・ユーロ始動 ・世界人口60億突破
２０００年	・第1回サロン・ド・ショコラ東京に参加 ・えんどう豆チョコレート発売 ・原邦生社長、東京商工会議所ＩＴ推進委員会初代委員長に就任 ・パリのサロン・ド・ショコラに日本のメーカーとして初出展 ・被災地三宅島・神津島へ保存食チョコレートを寄贈	・シドニー五輪で女性活躍 ・三宅島噴火 ・沖縄でサミット開催 ・有珠山噴火 ・朝鮮半島、初の南北首脳会議
２００１年	・原邦生社長著「感動の経営」発刊 ・定年者再雇用制度実施 ・**創業50周年フェアスタート**	

原　邦生（はら　くにお）

1935年、東京生まれ。58年、青山学院大学文学部卒、同年教師になる夢を断念し、亡父・堅太郎が50年に創業した株式会社メリーチョコレートカムパニーに入社。58年には日本で初めてバレンタインセールを企画、展開した。86年、代表取締役社長。現在の巨大なバレンタイン市場の「生みの親」であり、その後もさまざまなアイディアで市場の隆盛を築き上げた「育ての親」でもある。また、独自に社内情報システムを構築するなど、その発想力と行動力は「リーディングカンパニー」として業界内外に多大な影響を及ぼしてきた。

94年からは東京商工会議所の１号議員としても活躍、2000年には３選を果たし、新設された「ＩＴ推進委員会」委員長として、ＩＴ化による中小企業の発展と育成に尽力している。

一方で、社員啓発のための「今週の提言」が編集者の目に留まり出版され、流通、食品等各業界から注目を浴びている。

著書に「今週の提言」「朝礼でちょっと考えてみたい52の話」「続・朝礼でちょっと考えてみたい52の話」「新・朝礼でちょっと考えてみたい52の話」「新新・朝礼でちょっと考えてみたい52の話」「小さな変化で、大きな流れを読む　朝礼でちょっと考えてみたい52の話」（以上、ストアーズ社）、「この商いで会社を伸ばせ！」（かんき出版）、「感動の経営　～想いを贈る企業をめざして～」（ＰＨＰ研究所）

小さな企業の大きな挑戦
—メリー50年の軌跡—

2001年10月1日発行　　定価 2,000円（本体1,905円）

編　集　株式会社　ストアーズ社
発　行　株式会社　ストアーズ社
〒104−0061
中央区銀座8−9−6
銀座第2ワールドビル
TEL　03−3572−1500
制　作　アド・ストアーズ社
印　刷　サンイースト・凸版印刷

落丁・乱丁本の場合はお取り替えいたします。
ISBN4−915293−25−4